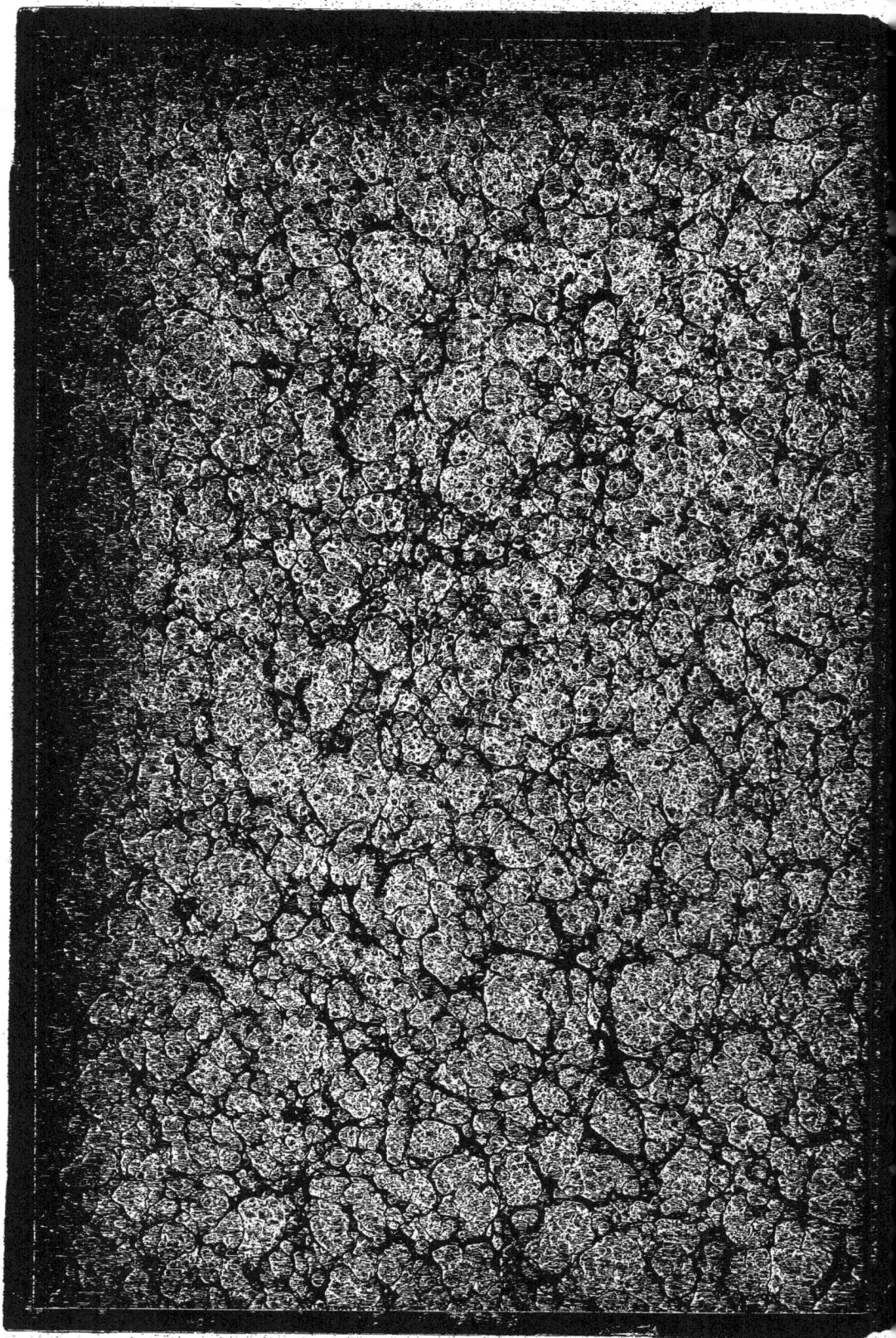

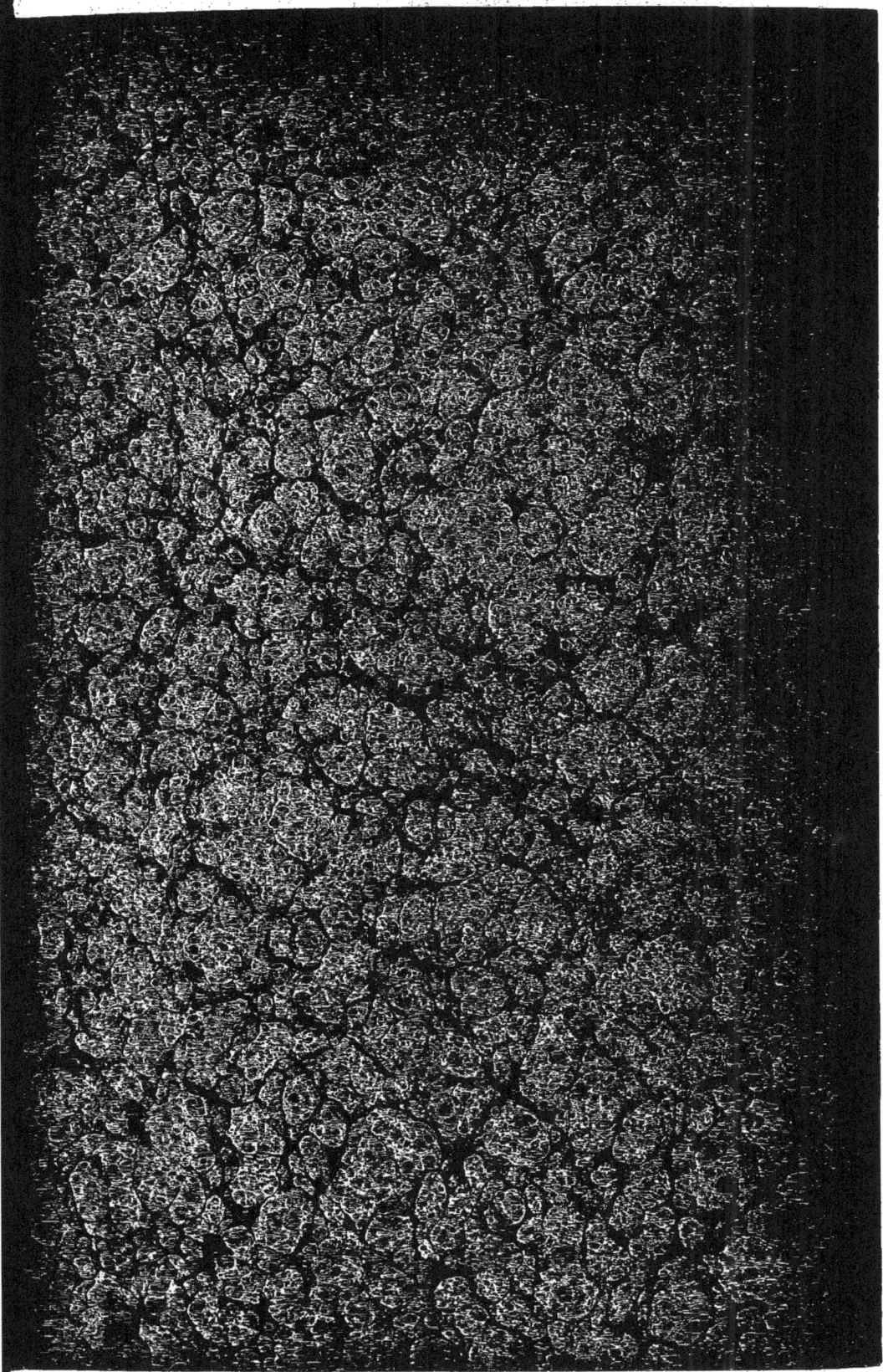

LES
EAUX SOUTERRAINES
A L'ÉPOQUE ACTUELLE

LEUR RÉGIME, LEUR TEMPÉRATURE, LEUR COMPOSITION

AU POINT DE VUE DU RÔLE QUI LEUR REVIENT DANS L'ÉCONOMIE
DE L'ÉCORCE TERRESTRE

PAR

A. DAUBRÉE

MEMBRE DE L'INSTITUT
INSPECTEUR GÉNÉRAL DES MINES EN RETRAITE, DIRECTEUR HONORAIRE DE L'ÉCOLE NATIONALE DES MINES
PROFESSEUR DE GÉOLOGIE AU MUSÉUM D'HISTOIRE NATURELLE

TOME SECOND

PARIS
Vᵉ CH. DUNOD, ÉDITEUR
Libraire des Corps des Ponts et Chaussées, des Mines et des Télégraphes
49, QUAI DES AUGUSTINS, 49
—
1887

LES

EAUX SOUTERRAINES

A L'ÉPOQUE ACTUELLE

IMPRIMERIE A. LAHURE

9, RUE DE FLEURUS, 9

LES

EAUX SOUTERRAINES

A L'ÉPOQUE ACTUELLE

LEUR RÉGIME, LEUR TEMPÉRATURE, LEUR COMPOSITION

AU POINT DE VUE DU RÔLE QUI LEUR REVIENT DANS L'ÉCONOMIE
DE L'ÉCORCE TERRESTRE

PAR

A. DAUBRÉE

MEMBRE DE L'INSTITUT
INSPECTEUR GÉNÉRAL DES MINES EN RETRAITE, DIRECTEUR HONORAIRE DE L'ÉCOLE NATIONALE DES MINES
PROFESSEUR DE GÉOLOGIE AU MUSÉUM D'HISTOIRE NATURELLE

TOME DEUXIÈME

PARIS

Vᵛᵉ CH. DUNOD, ÉDITEUR

Libraire des Corps des Ponts et Chaussées, des Mines et des Télégraphes

49, QUAI DES AUGUSTINS, 49

1887

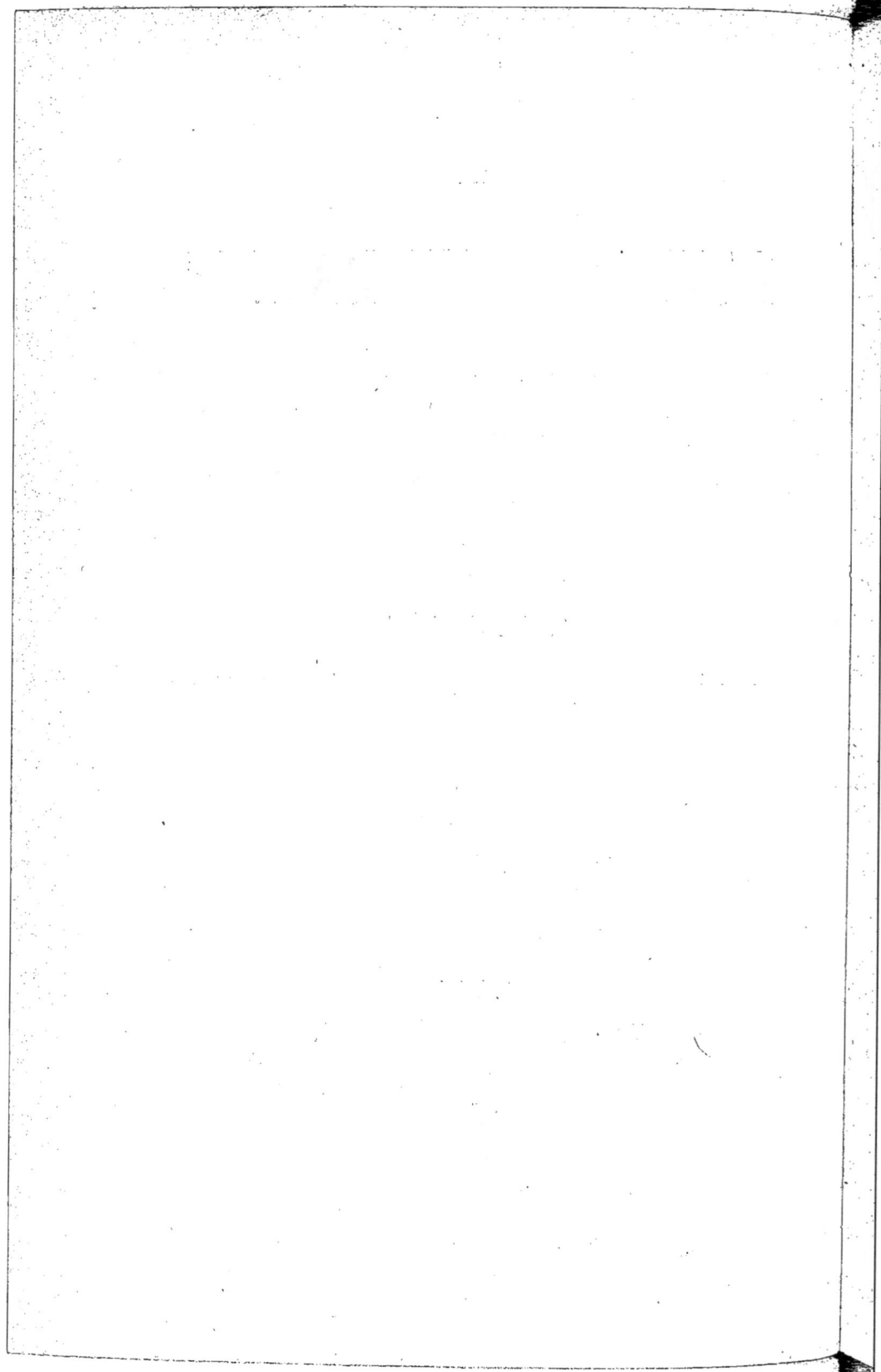

LES
EAUX SOUTERRAINES
A L'ÉPOQUE ACTUELLE

LIVRE TROISIÈME
COMPOSITION DES EAUX SOUTERRAINES

PREMIÈRE PARTIE
NATURE DES SUBSTANCES DISSOUTES DANS LES EAUX SOUTERRAINES OU DÉPOSÉES CHIMIQUEMENT PAR ELLES

INTRODUCTION

Les eaux souterraines, qu'elles soient à l'état liquide ou à l'état de vapeur, dissolvent ou déposent des substances variées.

L'eau de source la plus limpide n'est, pour ainsi dire, jamais chimiquement pure. Elle tient en dissolution diverses substances, dont les plus répandues sont les suivantes : des gaz, oxygène, azote, acide carbonique; des chlorures; des sulfures; des carbonates; des nitrates et des silicates — sels à base de chaux, de magnésie, de soude, quelquefois de potasse; des substances organiques.

Malgré la présence constante de ces corps dans les eaux,

on réserve, par opposition au nom de sources *potables* ou *ordinaires*, et sans que la délimitation des unes et des autres soit toujours bien nette, celui de sources *minérales* à celles qui, en raison de la nature ou de la proportion de leurs principes salins, peuvent être employées comme agents thérapeutiques. Ce même nom d'eaux minérales est souvent étendu aux eaux qui, sans contenir une proportion remarquable de substances dissoutes, présentent une température élevée, les rendant susceptibles d'applications analogues. On les qualifie plus justement d'eaux *thermales*.

Celles-ci présentent souvent une constitution chimique encore plus variée que les sources froides. Cependant il est des cas où la proportion de substances étrangères qu'elles tiennent en dissolution est très faible et bien inférieure à celle de beaucoup d'eaux potables. C'est ainsi que les sources si fréquentées de Plombières, de Gastein, de Pfeffers et de Barèges ne contiennent par litre que $0^{gr},3$, $0^{gr},3$, $0^{gr},12$ et $0^{gr},11$ de matières dissoutes ; tandis qu'il en existe dans les sources de Belleville, à Paris, $2^{gr},52$; on peut en trouver dans certaines eaux de pluie jusqu'à $0^{gr},11$ par litre.

A mesure que l'analyse chimique devient plus précise, le nombre des corps reconnus dans les eaux souterraines ou déposés par elles va en augmentant.

Nous énumérerons succinctement ceux qui sont actuellement connus.

CHAPITRE UNIQUE

ÉNUMÉRATION DES SUBSTANCES DISSOUTES DANS LES EAUX SOUTERRAINES OU DÉPOSÉES CHIMIQUEMENT PAR ELLES

1. L'*oxygène* est un des corps les plus fréquents dans les eaux souterraines; cependant toutes n'en contiennent pas, et cette absence paraît résulter de ce que ce corps comburant, qui existe nécessairement dans les eaux d'infiltration, a disparu dans des combustions intérieures.

2. L'*hydrogène* libre a été d'abord reconnu par Bunsen dans le produit des éruptions des geysers d'Islande. D'après ce savant, le gaz dégagé par la boue toute bouillante qui forme le sol de la solfatare de Krisuvik, renferme 4,50 pour 100 de son poids d'hydrogène libre [1]. Le même gaz a été retrouvé dans les soffionis de la Toscane par MM. Ch. Sainte-Claire Deville, Fouqué et Gorceix, ainsi que par M. Bechi [2].

3. L'*azote*, qui paraît ne pas manquer dans les eaux minérales, y a été signalé à l'état de pureté, dès 1784, par le docteur Pearson dans la source de Buxton. Depuis lors ce gaz

[1] *Annales de chimie et de physique*, 3ᵉ série, t. XXXVIII, p. 264, 1855.
[2] *Travale*, 1865.

a été également reconnu, sans mélange d'oxygène, dans les sources sulfurées des Pyrénées et dans bien d'autres.

L'ammoniaque a été trouvée dans la plupart des eaux potables et minérales où on l'a recherchée.

Elle se trouve inscrite dans les analyses à l'état de nitrate, de sulfate, de chlorhydrate, de carbonate, de borate, ainsi que de crénate et d'apocrénate.

Voici comme exemple quelques dosages, rapportés à un litre :

LOCALITÉS.	AMMONIUM.	AUTEURS.
Trauenstein.	0,2	Fresenius.
Wiesbaden	0,044 à 0,056	Heimberg et Weldenstein.
Burtscheid.	0,025 à 0,027	Heimberg.
Baden (Baden)..	0,0085	Bunsen.

Les soffionis de la Toscane renferment de l'ammoniaque, puisque l'eau des lagonis en contient. Ce corps se trouve aussi dans les vapeurs des étuves de San-Germano, près Naples, non loin de la grotte du Chien.

On la rencontre également dans les émanations humides des volcans, et quelquefois en quantité exploitable. La solfatare de Pouzzoles en produit continuellement, comme Breislack l'avait déjà reconnu. A Volcano, dans les îles Lipari, on la récolte avec le soufre, l'alunite et l'acide borique. Il a été extrait industriellement à l'Etna en 1669 et en 1832, époque à laquelle ce sel était exhalé encore par la lave deux années après la coulée. A l'Hécla, la lave de 1845 en laissa échapper l'année suivante des masses également exploitables.

De même que l'ammoniaque, des azotates à bases diverses ont été signalés dans les eaux de puits des villes, ainsi que dans bien des sources ordinaires ou thermales. Par exemple, d'après M. Boussingault, quatre puits de Paris ont donné $0^{gr},0021$ à $0^{gr},0026$ d'azotate de potasse, et quatre autres de $0^{gr},01$ à $0^{gr},022$ du même sel.

L'acide azotique a été dosé en le ramenant par le calcul à l'état d'azotate de potasse (salpêtre); mais on admet que la plus grande partie consiste en azotate de chaux. Le poids d'acide azotique correspondant à la moyenne de $0^{gr},000737$ d'azotate de potasse est de $0^{gr},000398$, et le poids d'azote, $0^{gr},000103$ [1].

4. Le *soufre* se précipite, à l'état libre ou associé à des matières organiques, dans diverses sources : Barèges, Aix en Savoie, Aix-la-Chapelle, Burtscheid, Bade en Argovie, Baden près Vienne, Abano et Mont Irone dans les monts Euganéens, Sergiewsk en Russie.

Comme déposant abondamment du soufre, on peut citer les sources bouillantes dites Steamboat, dans l'état de Nevada, qui jaillissent à la base d'une colline volcanique, à 11 kilomètres au nord-ouest de Virginia-City et des fameuses mines d'argent de Comstock.

Le soufre est déposé par les vapeurs aqueuses, à proximité des volcans, particulièrement dans les solfatares, telles que celles de Pouzzoles, de Milo, de la Guadeloupe, de Bourbon, ainsi qu'à Volcano; on l'exploite dans la plupart de ces localités.

L'acide sulfhydrique libre se dégage de très nombreuses sources. Lors du percement du Saint-Gothard, la plupart des eaux qui suintaient dans la partie méridionale du tunnel, répandaient, d'après M. Stapff [2], l'odeur d'hydrogène sulfuré, particulièrement entre les profils 3427 et 4390; du profil 6254

---

[1] On a cité récemment à Hendreville, commune de Mesnils-sur-l'Estrée (Eure), près de Nonancourt, une eau nitratée et alcaline qui est expédiée depuis quelque temps en bouteilles. La source alimente un puits percé dans un terrain de craie.

[2] *Profil du Saint-Gothard*, p. 47. — Voir plus haut, t. I, p. 10.

au profil 6400, les gouttes d'eau tombant en poussière sur les tuyaux y déposaient des pellicules de soufre pulvérulent, qui au microscope se résolvaient en cristaux orthorhombiques très élégants.

Les volcans, lorsque l'activité diminue, et particulièrement les solfatares, exhalent, comme on sait, de l'hydrogène sulfuré.

Il n'y a dans les eaux qualifiées de sulfureuses généralement qu'une faible quantité de sulfures, par rapport aux autres substances fixes. Voici la teneur en sulfure de sodium, par litre, de quelques sources des Pyrénées [1] :

	gr.
Bagnères-de-Luchon; source Bayen.	0,074
Barèges; Grande Douche.	0,045
Saint-Sauveur; Douches.	0,023
Eaux Chaudes; Chat.	0,012

L'acide sulfureux et l'acide hyposulfureux ont été signalés, mais à l'état de combinaison alcaline, dans diverses sources thermales (Nossa, près Vinça, Ax).

Depuis longtemps l'acide sulfurique libre est connu dans l'eau de certains torrents qui prennent naissance à proximité des Cordillères [2]. Ainsi le rio Vinagre, qui descend du volcan de Puracé, près de Popayan (altitude 5100 mètres), a un débit de 34 285 mètres cubes en 24 heures, et dans le même temps il entraîne 46 873 kilogrammes d'acide sulfurique monohydraté, soit 17 millions de kilogrammes par an. A l'altitude de 3800 mètres, à la base du Parano de Ruiz, une source thermale extrêmement abondante renferme cinq fois autant d'acide sulfurique que le rio Vinagre. Des faits analogues ont été signalés dans les républiques de Guatemala et de San Salvador, où plusieurs volcans émettent des boues

---

[1] D'après M. Fontan et M. Garrigou.
[2] Boussingault, *Annales de chimie et de physique*, 5ᵉ série, t. II, 1874.

chaudes et riches en acide sulfurique. Il en est de même au Popocatepetl (Mexique), d'après l'analyse de M. Lefort[1]. Déjà Vauquelin avait trouvé le même acide dans l'eau puisée par Lechenaut au sommet de l'Idgeng, l'un des volcans de Java, dans un cratère-lac rappelant tout à fait celui de Tuquères, situé à 35 kilomètres à l'ouest de Pasto (Colombie) où l'acide sulfurique a été également reconnu.

Ce même acide a été trouvé aussi dans la grotte de Zaccolino en Toscane, à la solfatare de Pouzzoles, à Volcano, à l'Etna, à Milo en Islande, dans le rio Madeira au Brésil, ainsi que dans plusieurs sources du Japon analysées par Filhol[2]. Le 31 juillet 1856, 100 centimètres cubes d'eau condensée à cette solfatare renfermaient $0^{gr},350$ d'acide sulfurique.

Il est bien des sources froides où l'acide sulfurique libre a été signalé, même en forte proportion, par exemple en Irlande par M. Kane, et au Canada par M. Sterry Hunt.

A l'état de sels qui seront énumérés aux articles relatifs à leurs bases, soude, chaux, magnésie, alumine, etc., l'acide sulfurique existe dans une multitude de sources.

5. Le *sélénium*, si voisin du soufre, a été indiqué dans quelques sources et même dans les eaux potables (Eug. Marchand).

Il est bien connu en association avec le soufre, parmi les produits volcaniques, notamment à Vulcano. A Lipari, le chlorhydrate d'ammoniaque contient jusqu'à 0,005 de sélénium qu'on suppose à l'état de séléniate d'ammoniaque.

6. Le *chlore* libre n'a pas été signalé dans les eaux souterraines.

Quant à l'acide chlorhydrique libre, il contribue avec l'acide sulfurique à l'acidité de l'eau de certains torrents prenant naissance à proximité des volcans des Cordillères.

[1] *Comptes rendus*, t. LVI, 1863, p. 909.
[2] *Mémoires de l'Académie de Toulouse*, t. III, 1878.

Le rio Vinagre, dont il vient d'être question, contient[1] sur 100 parties d'eau 1,211 d'acide chlorhydrique, ce qui pour un débit de 54 785 mètres cubes pour 24 heures correspond à 42 150 kilogrammes ou, par an, à 15 millions de kilogrammes d'acide chlorhydrique. L'acide chlorhydrique libre se trouve également dans l'eau du cratère-lac de Tuquères (Colombie), ainsi que dans la source thermale très abondante qui sort de la base du volcan de Ruiz à l'altitude de 3800 mètres. Le même acide avait déjà été reconnu dans l'eau puisée par Leschenaut au sommet de l'Idgeng, à Java, avec l'acide sulfurique libre, qui a été mentionné plus haut. Il accompagne également l'acide sulfurique dans les sources du Japon, d'après les analyses de Filhol[2].

On sait que l'acide chlorhydrique accompagne la vapeur d'eau exhalée par beaucoup de volcans. De l'eau condensée à la solfatare de Pouzzoles renfermait, le 31 juillet 1856, $0^{gr},279$ d'acide chlorhydrique pour 100 centimètres cubes.

Le chlore, à l'état de chlorure, est extrêmement fréquent dans les eaux souterraines, ainsi qu'on le verra à l'occasion des métaux auxquels il est combiné.

7. Le *brome*, à l'état de bromure, existe dans un grand nombre de sources minérales, où il est ordinairement associé aux iodures : Vichy, Bourbon - l'Archambault, Nauheim ($0^{gr},005$ à $0^{gr},010$ de bromure de magnésium par litre; Adelheid, à Oberheilbronn, en Bavière $0^{gr},03$ de bromure de sodium par litre).

8. L'*iode* reconnu par Angelini dans l'eau de Voghera a été trouvé depuis lors dans de nombreuses sources : d'après M. Chatin, le fait serait même général. Dans la boue salée d'Adelheid en Bavière, on a indiqué $0^{gr},02$ d'iodure de sodium par litre.

---

[1] Boussingault. *Annales de chimie et de physique*, 5ᵉ série, t. II, 1874,
[2] *Mémoire précité.*

9. Depuis que Berzélius a reconnu le *fluor* dans les dépôts de la source minérale de Carlsbad, ce corps particulièrement intéressant a été trouvé dans de nombreuses sources et spécialement, par Nicklès, dans celles de Plombières, de Contrexéville, de Vichy, de Châtenois (Alsace) et d'Antogast (Bade). M. Lefort l'a signalé à Néris. A Bourbon-l'Archambault, M. de Gouvenain a trouvé par litre $0^{gr},00268$ de fluor et $0^{gr},0076$ dans l'eau de la Grande-Grille de Vichy [1].

Les traces de fluor qui ont été observées au Vésuve, particulièrement dans les produits des éruptions de 1850 et 1855, par M. Scacchi, avaient peut-être été apportées en même temps que la vapeur d'eau. On sait d'ailleurs que la plupart des vapeurs volcaniques corrodent le verre, par suite de la présence du fluor (Deville et Fouqué). On doit rattacher à ce dégagement la production du fluosilicate de potasse (hiératite) signalé par M. Cossa à Vulcano.

10. C'est encore à Berzélius que l'on doit la preuve de la présence du *phosphore* dans les eaux minérales. On sait aujourd'hui qu'il y est extrêmement répandu, ainsi que dans les sources ordinaires, mais habituellement en petite quantité. On admet qu'il s'y trouve à l'état de phosphate de soude, de chaux, d'alumine, quelquefois aussi à l'état de phosphate ammoniaco-magnésien, sans doute dissous à la faveur de l'acide carbonique.

Les eaux artésiennes de Londres, qui sortent des fissures de la craie, renferment, d'après Graham, des quantités dosables de phosphate de chaux et de phosphate de fer, 0,34 et 0,43 pour 100 parties de résidu fixe, représentant $0^{gr},77$ par litre d'eau.

C'est dans les dépôts insolubles, fréquemment produits par les sources que se concentre le phosphore.

---

[1] *Annales des mines*, 7º série, t. III, p. 39, 1873.

11. L'*arsenic* se rencontre souvent dans les sources ; d'après Walchner, il existe même dans tous les dépôts ferrugineux fournis par beaucoup d'entre elles.

A la Bourboule, où Thenard a signalé une forte proportion d'arsenic [1], M. Riche a trouvé, dans la source Perrière, $0^{gr},0068$ et dans la source Choussy $0^{gr},0064$ de ce corps.

L'eau volcanique qui s'exhale à l'état de vapeur dépose quelquefois l'arsenic à l'état de réalgar, que sa couleur rouge signale à l'attention. Tel est le cas à Vulcano et à la solfatare de Pouzzoles.

12. Comme représentant du *bore* qui est insoluble à l'état isolé, l'acide borique est déposé en abondance par les soffionis de la Toscane, qui suffisent presque seuls à la consommation de l'Europe. Il se trouve aussi dans les vapeurs du cratère du Vulcano où il se dépose avec le soufre.

L'acide borique est surtout fréquent, à l'état de borates, dans des sources très nombreuses, thermales ou non.

A ce titre on peut citer particulièrement les eaux Albules près Tivoli, non loin de Rome, où l'on a indiqué par litre $0^{gr},270$ de borate de soude, et qui, pour un débit de 271 063 litres par jour ne représenterait pas moins de 39 kilogrammes d'acide borique, soit 14 235 kilogrammes par an [2].

C'est ainsi qu'il parait avoir été apporté dans les lacs de borax de Californie et du Nevada.

13. Le *silicium* à l'état d'acide silicique est maintenant reconnu dans la plupart des eaux : il n'y est peut-être pas toujours engagé dans des compositions salines. Sa proportion dans de nombreuses sources est, d'après Bischof, de 0,000014 à 0,0001, et elle est souvent supérieure à ce chiffre. A Bade par exemple, à Amélie et au Vernet, on a

---

[1] *Comptes rendus*, 1851.
[2] Jervis : *Acque minerale d'Italia.*

indiqué une proportion de 0,0001 de silicate de soude. Comme chiffres particulièrement élevés, il convient de mentionner ceux de la source de Laugarnes en Islande et du grand Geyser, qui contiennent, d'après M. Damour 0^{gr},135 et 0^{gr},519 d'acide silicique par litre. Une source de la Nouvelle-Zélande a donné 0^{gr},21 par litre. Au Mont-Dore, Berthier a trouvé dans l'eau de la source César par litre 0^{gr},210 de silice, et plus tard M. Lefort en a indiqué 0^{gr},155. Cela correspondrait à une proportion de silice de 12 kilogrammes par jour dans le premier cas et de 9 dans le second : il y aurait donc une diminution de 27 pour 100 dans l'espace de 40 ans [1].

La silice hydratée ou opale a été signalée par M. Bouis

---

[1] Les chiffres suivants sont empruntés au travail approfondi de M. le professeur Carl Schmidt, de Dorpat, sur les sources du Kamtchatka [*].

	Silice par litre.
Geyser de Te Tarata (Nouvelle-Zélande).	0,60
Grand Geyser d'Islande.	0,51
Badhstofa (Islande).	0,24
Skribla (Islande).	0,17
Javina, source A (Kamtchatka).	0,205
Id. source B.	0,185
Bauna (Kamtchatka).	0,174
Saint-Nectaire.	0,13
Châtel Guyon.	0,11
La Bourboule.	0,10
Royat.	0,10
Burtscheid	0,07
Carlsbad, Sprudel	0,07
Hammam-Meskoutine.	0,07
Vichy, puits carré.	0,07
Aix-la-Chapelle, Kaiserquelle.	0,07
Plombières.	0,06
Wiesbaden, Kochbrunnen.	0,06
Bagnères-de-Luchon	0,06
Wildbad, Gastein.	0,05
Rachmanow Altaï	0,05
Aix-les-Bains	0,05
Ems, nouvelle source.	0,05
Reykjawid, solfatare.	0,04
Schlangenbad, source du puits	0,03

[*] *Mémoire de l'Académie de Saint-Pétersbourg*, 7e série, t. XXXII, 1885.

dans les dépôts formés sur les parois des fentes d'où jaillissent les sources chaudes d'Olette (Pyrénées-Orientales). Aux
bains du Mont-Dore, on a reconnu que les conduits souterrains des substructions romaines présentent des concrétions
siliceuses ; les sources ont encore la propriété de silicifier le
bois ; car Lecoq y a trouvé une baguette rabotée, entièrement
transformée en silice.

Cette geyserite constitue des dépôts importants autour de
certains geysers et sources chaudes d'Islande, des Açores,
des États-Unis, particulièrement dans le Yellowstone (Steamboat, Old-Faithful, et Bee-Hive), des Philippines (Luçon),
de la Nouvelle-Zélande et du Kamtchatka. Comme exemples
récemment signalés, nous citerons les dépôts représentés
figure 1 et figure 2. Diverses sources du Kamtchatka produisent des dépôts siliceux, contenant, d'après M. Karl
Schmidt, 77 à 83 pour 100 d'acide silicique, auquel est
mélangé du carbonate et du sulfate de chaux et de la
limonite.

Dans les maçonneries romaines de Plombières, outre
l'opale mamelonnée ayant l'aspect de l'hyalite, j'ai reconnu,
dans les pores mêmes des briques, des globules fibreux et
rayonnés, agissant fortement sur la lumière polarisée et donnant une croix noire fixe, lorsqu'on tourne la lame entre
les nicols croisés ; en un mot présentant les caractères opti-
ques du quartz calcédoine ou silice anhydre. Quelquefois
ces globules se sont appliqués sur les parois des cavités et
forment une série de demi-sphères contiguës entre elles,
dont la dimension est de $0^{mm},2$ [2].

En présence de l'abondance extrême du quartz qui a été
déposé par les eaux dans les anciens terrains, on peut
s'étonner que le fait dont il s'agit ait été le premier exemple

[1] *Comptes rendus*, t. 46, p. 226, 1858.
[2] *Géologie expérimentale*, voir les figures des pages 187 à 193.

Fig. 1. — Mud springs à Crater Hils, près le Sulphur spring ; le dépôt de la source consiste en une boue siliceuse fine. D'après une photographie prise en 1869 sous la direction de M. Hayden.

de production contemporaine de la silice à l'état anhydre.

Il importe de mentionner encore les dépôts de silice observés à l'île Saint-Paul par M. Velain, Dans l'un des groupes

Fig. 2. — Cratère du Geyser Beehive (ruche d'abeilles) sur le côté opposé à la rivière, vu du château et du Old Faithfull. Cône très symétrique d'environ 1ᵐ,50 de haut et de 2 mètres à la base. Il est enveloppé sur toute la circonférence de silice ressemblant à des perles. Ses éruptions, d'une très grande violence, lancent à 60 mètres de hauteur un jet qui se maintient pendant une période de 10 à 15 minutes. — D'après une photographie prise en 1869, sous la direction de M. Hayden.

de sources thermales du cratère, désignés sous le nom d'Espaces chauds, il existe des dégagements d'acide carbonique. Les parois intérieures des canaux se recouvrent de silice gélatineuse. On y trouve toutes les variétés d'opale ; quelquefois aussi de la tridymite et de la calcédoine [1].

14. *Carbone*. L'hydrogène carboné, qui s'exhale souvent des combustibles charbonneux, peut être amené au jour par des sources ascendantes. Outre les salses d'Italie, de Crimée, du Caucase, de la mer Caspienne et d'autres contrées, qui depuis longtemps ont attiré l'attention, comme exhalant du gaz inflammable, on peut signaler, d'après Liebig et Pyrame Morin, les eaux d'Aix-la-Chapelle et de Coëze en Savoie. Le gaz que dégagent les premières renferme près de 2 pour 100 de son volume de gaz des marais ; pour les secondes cette proportion s'élève à plus de 30 pour 100. Dans les gaz exhalés d'un soffioni à Travale, en Toscane, M. Bechi a trouvé l'hydrogène carboné dans la proportion de 2 p. 100.

Le bitume est apporté à la surface par diverses eaux. C'est par suite de la présence du pétrole dans une source, que l'on a découvert le gîte bitumineux de Bechelbronn ou Pechelbronn, en Alsace.

Le Puy de la Poix, près Clermont-Ferrand, est particulièrement connu à cet égard. La source d'Euzet ou Jeuzet (Gard) renferme assez de bitume pour qu'il soit reconnaissable à son odeur et à sa saveur. Une matière bitumineuse existe également à Vichy, comme l'a montré M. Bouquet [2].

Il n'est pas hors de propos de mentionner aussi, comme appendice, des composés organiques souvent déposés par les eaux et dont quelques-uns jettent de la lumière, comme on le verra plus loin, sur l'origine des eaux sulfureuses.

L'acide carbonique est un des éléments les plus constants des eaux souterraines ; il n'y en a guère qui n'en renferme. Par sa forte proportion il caractérise de nombreuses sources,

---

[1] *Mission de Saint-Paul*, p. 399.

[2] Mais c'est à tort que d'anciennes analyses ont mentionné l'existence du bitume dans beaucoup de sources.

désignées vulgairement sous les noms d'eaux *acidules*, de *bicarbonatées* (*Saüerlinge*).

15. *Potassium.* Ce n'est qu'après la découverte de la potasse dans l'eau de la mer par Wollaston et Mallet qu'on rechercha et qu'on trouva cet alcali dans les eaux minérales.

Diverses combinaisons définies de potasse ont été reconnues avec certitude dans les dépôts des exhalaisons volcaniques, notamment le chlorure, le sulfate et le carbonate potassique ; ce dernier a même été trouvé à l'état cristallisé par M. Scacchi[1].

Les eaux qui accompagnaient les cendres volcaniques tombées le 4 janvier 1881 à la Réunion renfermaient jusqu'à 4 grammes par litre de chlorure de potassium[2].

16. Le *sodium* figure a peu près dans toutes les sources, à quelque classe qu'elles appartiennent, et s'il manque dans certaines analyses, c'est peut être parce qu'il n'a pas été convenablement recherché. Dans certains cas, l'état de combinaison paraît certain, comme lorsqu'il existe à l'état de chlorure dans les sources salées, de sulfure dans les eaux sulfurées sodiques, de sulfate, de carbonate ou de borate. D'autres fois, comme il arrive pour la potasse et bien d'autres bases, on est réduit à faire des hypothèses, quant à son groupement, et c'est ainsi que certaines analyses mentionnent le bromure, l'iodure, le fluorure de sodium et le silicate de soude. Un hydrosulfate de sulfure de sodium a été signalé dans les sources des Pyrénées, ainsi que des sulfites et des hyposulfites.

17. *Lithium.* Dès 1824, Berzélius découvrait la lithine dans l'eau de Carlsbad ; depuis lors cette base a été reconnue dans un grand nombre de sources minérales, mais toujours en proportion très faible. Elle se trouve, d'après M. Truchot,

[1] *Annales des mines*, 4e série, t. XVII, p. 323.
[2] D'après l'analyse faite au bureau d'essais de l'École des Mines.

très fréquemment en Auvergne. A la Bourboule, M. Riche a trouvé 0^{gr},014 de chlorure de lithium dans le puits Perrière et 0^{gr},017 dans le puits Choussy. La proportion de lithine a été trouvée de 0^{gr},035 pour les sources Sainte-Eugénie et de Saint-Mart à Royat, 0^{gr},035 pour la source de Châteauneuf, 0^{gr},015 à 0^{gr},020 pour la source de Vichy, 0^{gr},030 pour la Murquelle de Bade.

Ce corps a été reconnu par M. Raimondi, en fortes proportions, dans beaucoup de sources du Pérou.

18. Le *rubidium*, depuis qu'il a été découvert à Creutznach par MM. Bunsen et Kirchhoff, a été rencontré généralement par traces dans diverses eaux minérales, Bourbonne, Vichy, Burtscheid, Carlsbad. Parfois sa proportion a permis de le doser; c'est ainsi que M. Bunsen a trouvé 0^{gr},013 de chlorure de rubidium dans l'eau de Baden-Baden et 0^{gr},0021 dans l'eau salée de Durckheim.

19. Le *cæsium* accompagne généralement le rubidium, mais en proportion encore moindre : d'après M. Bunsen 0^{gr},0005 de chlorure à Baden-Baden et 0^{gr},0017 à Durckheim. Il a été reconnu à Vichy.

20. Le *thallium* a été signalé par M. Cossa dans les émanations de Vulcano (hiératite).

21. Le *baryum* existe dans de nombreuses sources, parfois à l'état de bicarbonate, et plus souvent à l'état de chlorure: ce dernier cas est particulièrement probable dans celles qui sont dépourvues d'acide carbonique. Presque toutes les sources salines exemptes de sulfates en contiennent, d'après M. Flechsig. Nous citerons comme exemple : le Boulou (Pyrénées-Orientales); Kreutznach (Prusse), Ems (0^{gr}0007 à 0^{gr},0028 de baryum d'après Fresenius); l'eau d'un forage dans le terrain houiller de Zwickau (Saxe); de nombreuses sources du Canada.

Bien des dépôts de sources trahissent la baryte, qui s'y

accumule progressivement, lors même qu'elle ne serait contenue dans les eaux qu'en proportion extrêmement faible. Ainsi, d'après Braconnot[1], un dépôt de Luxeuil en renferme 0,045; elle y est associée au manganèse, comme dans la psilomélane. Elle a été également rencontrée dans les dépôts d'Ems, à l'état de sulfate et de carbonate et à Neusalzwerk, à l'état de sulfate.

De la barytine à l'état cristallisé a été trouvée dans les dépôts actuels des sources thermales de la Malou (Hérault), qui sortent elles-mêmes de filons anciens de barytine. Des dépôts contemporains de Carlsbad la contiennent également, en cristaux microscopiques, d'après M. Zepharowich.

22. *Strontium.* Comme la baryte, la strontiane se rencontre dans beaucoup de sources : à Verriès près de Hanum, en Westphalie, sa proportion s'élève à $0^{gr},35$ par litre, d'après M. Fresenius, et son sulfate a été reconnu dans divers dépôts.

Citons : Vichy; Clermont (0,002 à 0,004 de strontium par litre); Aix-en-Savoie, Bulgnéville (Vosges), Creutznach, Kissingen, Teplitz, Selters, Ems, Marienbad, Bristol. La proportion dans quelques autres est : Durckheim, 0,095; Weissembourg, 0,058; Gurnigel, 0,035 à 0,065; Louèche, 0,016 à 0,046, d'après Fellenberg; Pyrmont, 0,009; Seidchütz, 0,013. Comme la baryte, la strontiane se concentre dans les dépôts des sources, tels qu'on le voit à Saint-Allyre, 0,20 sur 100; à Vichy, 0,4; à Hammam Meskoutine, 0,24; à Carlsbad, 0,32.

23. Il n'y a guère d'eau naturelle qui ne contienne du *calcium*. Ses combinaisons les plus fréquentes sont le chlorure, le sulfure, le sulfate et le bicarbonate.

A raison de l'importance de ce dernier sel, signalons quelques chiffres :

---

[1] *Annales de chimie et de physique,* t. XVIII, p. 221.

ENDROITS.	CARBONATE NEUTRE par litre.	AUTEURS.
Puits à Machault, près Vouziers, Ardennes; craie..	0,06	Cailletet.
Montois, Ardennes..	0,07	Id.
Dricourt, près Vouziers, Ardennes; craie..	0,08	Id.
Camp de Châlons; craie,	0,07	Id.
Metz, oolithe.	0,12 à 0,17	Langlois.
Arcueil, calcaire grossier.	0,16	Id.
Clermont-Ferrand, calcaire tertiaire..	0,17	Truchot.
Alpe du Wurtemberg, oolithe (moyenne)..	0,18	Id.
Sources de l'Alme, Westphalie; crétacé..	0,18	Bischoff.
La Vanne; craie..	0,19	Wurtz.
Vesoul; oolithe.	0,19	Id.
Nancy; oolithe.	0,23	Drancourt.
Hammam-Maskoutine.	0,25	Tripur.
Sources de la Pader..	0,25	Bischof.
Aubières, Puy-de-Dôme, calcaire tertiaire..	0,45	Truchot.
Saint-Nectaire; source Mandon.	0,70[1]	Lefort.
Vichy; source Lardy..	0,71	Bouquet.
Sainte-Allyre, près Clermont..	1,37[1]	Lefort.
Puy de la Poix.	2,89[1]	Nivet.

La proportion de sulfate de chaux est souvent plus élevée encore que celle du carbonate. Nous nous bornerons à citer deux exemples pris à Paris, au puits du Mont-Valérien, où elle est de $1^{gr},03$ par litre, et les sources de Belleville, où la quantité est de $1^{gr},10$.

Pour le chlorure de calcium, sa proportion serait parfois, d'après diverses analyses, remarquablement élevée. Dans la source thermale de Cauquenes, au Chili, elle est de $2^{gr},17$ par litre selon Lawrence Smith et M. Boussingault. Dans celles des îles Fidji, M. Liversidge a trouvé ce même sel dans la proportion, encore plus élevée, de $3^{gr},65$.

Le silicate a souvent été indiqué.

Les dépôts des sources renferment parfois du fluorure de

_____
[1] Dosé à l'état de bicarbonate.

calcium, comme Carlsbad et Plombières, où ce composé s'est isolé dans les fissures des maçonneries romaines.

On sait avec quelle fréquence le carbonate est déposé par des sources, même lorsqu'elles ne sont pas thermales. Certaines d'entre elles, dites incrustantes, recouvrent tous les corps qu'elles mouillent, de croûtes pierreuses de formes très diverses et parfois abondantes.

Comme exemple d'un des cas les plus ordinaires, nous prendrons la source potable de Clouange (Lorraine allemande), qui, sortant, comme tant d'autres, au-dessus des marnes supra-liasiques et à la base de l'oolithe, se divise au milieu de blocs fracturés en nappe limpide (fig. 3 et 4). A une vingtaine de mètres de son origine, elle commence à produire un dépôt calcaire, nommé *cron* en Lorraine, qui va en s'élargissant et en augmentant d'épaisseur jusqu'au pied de la colline.

Nous signalerons encore les incrustations qui avoisinent les sources thermales d'Hammam-Maskoutine, province de Constantine. Elles simulent tantôt des cascades pétrifiées (fig. 5), tantôt elles se sont érigées sous forme de cônes isolés, dont l'aspect bizarre a provoqué des légendes (fig. 6). Les terrasses des environs du Geyser-Grotto, dans le Parc National des États-Unis (fig. 7), seront aussi mentionnées comme exemple. Enfin aux États-Unis, nous signalerons encore les incrustations considérables et récemment reconnues qui s'élèvent sur 20 hectares environ, autour des sources thermales de Pagosa, sur la rivière San Juan, à environ 3800 mètres d'altitude (fig. 8). Elles sont entourées d'escarpements abrupts, parmi lesquels prédominent les schistes noirs crétacés moyens [1].

---

[1] Wheeler. *Explorations of the west of the hundreth meridian.* Geology, 1875, p. 478.

Fig. 3. — Incrustation calcaire formée par la source de Clouange, près de son orifice. D'après une obligeante communication de M. Mathieu.

Suivant la température et les conditions du dépôt, le car-

Fig. 4. — Manière dont les branches et autres débris végétaux s'incrustent de calcaire sur le passage de l'eau de la source de Clouange. — D'après une obligeante communication de M. Mathieu.

bonate de chaux est à l'état de calcite ou d'aragonite, comme à Saint-Nectaire.

Fig. 5. — Incrustations calcaires simulant une cascade pétrifiée, formée par les sources de Hammam-Meskoutine.

Beaucoup des calcaires fontigéniques sont mélangés de phosphate de chaux.

Une gelée précipitée actuellement dans les maçonneries

Fig. 6. — Vue de quelques-uns des cônes calcaires érigés par les sources incrustantes de Hammam-Meskoutine.

antiques de Plombières a été reconnue consister en silicate

de chaux hydraté (plombiérite); un dépôt analogue a été

Fig. 7. — Terrasses calcaires produites par le Grotto Geyser : Parc national des États-Unis. — D'après une photographie, prise en 1869, sous la direction de M. Hayden.

rencontré dans une galerie des mines de houille de Carmaux.

24. *Magnésium.* La magnésie, dont l'existence avait été entrevue dès 1708, par Hoffmann, dans les eaux minérales de la Bohême, est extrêmement répandue, et l'on peut croire qu'il n'y a guère d'eau qui en soit dépourvue. Les eaux potables en contiennent elles-mêmes parfois une quantité notable; par exemple dans l'eau d'un puits foré à Alfort, près Paris, on a trouvé $0^{gr},64$ de sulfate de magnésie. C'est d'ail-

Fig. 8. — Sources chaudes de Pagosa, avec leurs incrustations calcaires. — D'après M. Wheeler.

leurs à l'état de sulfate que la magnésie abonde et caractérise une catégorie de sources, dont celles de Seidchütz, de Sedlitz, de Püllna et de Hunyady-Janos à Buda-Pesth peuvent être considérées comme les types, et que représentent, en France, l'eau de Montmirail-Vacquières (Vaucluse) et celle tout récemment découverte à Cruzy, arrondissement de Saint-Chinian (Hérault).

Dans les dépôts, le carbonate de magnésie est associé au carbonate de chaux en proportions variables (Saint-Allyre, Aix en Provence, Ems) et parfois même en forte quantité (Torre del Annunziata). La dolomie en cristaux parfaitement déterminables s'est déposée au fond d'une bouteille d'eau de la Malou, comme l'a reconnu M. Moitessier.

Du sulfate de magnésie fait partie du dépôt des eaux volcaniques, au Vésuve, où M. Scacchi l'a recueilli mélangé de sulfates de soude et d'alumine[1].

25. *Aluminium.* Autrefois on supposait que certaines eaux minérales contiennent de l'alun et les auteurs anciens les désignaient sous le nom d'eaux alumineuses. Il est aujourd'hui reconnu que l'aluminium n'existe, en général, qu'en proportion minime; on a indiqué sa présence à Saint-Nectaire, dans la proportion de $0^{gr},017$ à $0^{gr},023$ par litre.

Il est néanmoins plus abondant dans les eaux volcaniques de la solfatare de Pouzzoles, du Popocatepetl, au Mexique, qui en renferme $2^{gr},08$ par litre, et du Puracé, en Colombie.

Du sulfate d'alumine a été indiqué dans les dépôts de diverses sources : à San Miguel (Açores), par M. Fouqué, et à la Vida, dans la Cordillère du Pérou. Au Vésuve, une stalactite de l'éruption de mars 1840 renferme environ 20 pour 100 d'alumine[2].

On observe dans les dépôts des sources le silicate d'alumine simple ou multiple. Tel est le dépôt savonneux de Plombières désigné par Berthier sous le nom d'halloysite; le dépôt de Saint-Honoré (Nièvre), recueilli sur des constructions romaines[3], ceux de Bourbonne-les-Bains et de Bourbon-

[1] *Annales des mines*, 4ᵉ série, t. XVII, p. 323.
[2] Scacchi. *Mémoire précité.*
[3] *Comptes rendus*, t. LXXXIII, p. 421, 1876.

l'Archambault. La formation de l'allophane, souvent signalée dans les galeries de mines comme contemporaine, a été particulièrement étudiée à Querberg, en Silésie, dans la galerie bleue[1].

Une croûte cristalline déposée par les eaux d'Olette (Pyrénées-Orientales) dans une fissure du granite a été reconnue par M. Bouis avoir la composition de la zéolithe nommée stilbite, et par M. des Cloizeaux[2] la forme cristalline de ce minéral.

26. Le *fer* se rencontre dans la plupart des eaux minérales, où d'ailleurs il n'est qu'en très faible proportion. Il existe ordinairement à l'état de protoxyde; il est indiqué exceptionnellement à celui de sesquioxyde et parfois simultanément sous ces deux états.

Les eaux bicarbonatées sont celles où l'on constate le plus fréquemment la présence du fer en proportion notable; dans ce cas on admet qu'il est à l'état de bicarbonate.

Les eaux de Cransac, de Passy et d'Auteuil contiennent des proportions notables de sulfate de fer, ordinairement associées à du sulfate d'alumine, comme pour constituer un alun de fer. L'eau de la Vida, au Pérou, contient par litre $0^{gr},9$ de sulfate de protoxyde de fer.

M. Scacchi a mentionné au Vésuve des stalactites rouges essentiellement formées de sulfate double de peroxyde de fer et d'alumine.

On l'a quelquefois supposé, dans les dépôts, à l'état d'arséniate, de phosphate, de crénate et d'apocrénate et de composé organique mal défini.

Enfin le bisulfure ou pyrite se dépose dans les bassins de diverses sources thermales ; tels sont : Aix-la-Chapelle, Burg-

---

[1] Bischof. *Lehrbuch der Geologie*, t. II. p. 348.
[2] *Traité de Minéralogie*, t. I, p. 553.

brohl, Bourbon-Lancy, Bourbon-l'Archambault, Saint-Nectaire, et Hammam-Meskoutine[1].

Il se forme en abondance dans les produits volcaniques de l'Islande, comme l'a reconnu M. Bunsen[2].

On sait enfin que l'eau volcanique, réagissant sur les chlorures de fer, détermine la production et le dépôt de l'oligiste cristallisé.

Il ne faut pas oublier que malgré l'altérabilité du carbonate, ce sel a pu se conserver dans les dépôts de sources soustraites au contact de l'air. C'est ce qu'a reconnu Bischof dans la vallée de Brohl, près du lac de Laach, dans un dépôt recueilli à 5 mètres de profondeur, qui contient 77,3 pour 100 de carbonate de protoxyde de fer[3].

Le fer est déposé parfois à l'état de silicate.

27. Le *cobalt*, reconnu par Poggiale dans le dépôt de la source ferrugineuse d'Orezza (Corse), a été trouvé également par traces dans celui de la Malou (Hérault) par M. Moitessier, à Vichy dans les dépôts de la Grande-Grille par M. de Gouvenain, dans celui des sources de Hambourg par M. Fresenius.

28. Le *nickel*, dont l'existence a été suppposée à Cusset et à Sentein, a été indiqué dans la source de Ronneby (Suède) par Homberg.

29. Le *chrome*, a été mentionné d'après Gœtll à Carlsbad, dans le Schlossbrunnen.

30. Le *vanadium* a été signalé dans l'eau minérale de Bocklet (Bavière) et dans celle de Stackelberg (Suisse).

31. Le *zinc* a été trouvé dans les eaux de sources et surtout dans leurs dépôts, par exemple dans ceux de la Malou dont il forme 0,01. Il a été également reconnu dans les

---

[1] *Études synthétiques de géologie expérimentale*, p. 86.
[2] *Annales de chimie et de physique*, t. XXXVIII, p. 401, 1853.
[3] *Lehrbuch der Geognosie*, t. I, p. 548.

eaux vitrioliques du Silberberg, près Bodenmais, de Rio-Tinto, province de Huelva, et d'autres mines.

Des dépôts contemporains de carbonate et de silicate de zinc ont été signalés dans de vieux travaux de mines, près Tarnowitz, en Haute Silésie, par Noeggerath. Dans une mine près de Stolberg les parois d'une galerie présentaient une croûte de carbonate de zinc, et des fragments de boisage ont été trouvés à Herrenberg, près Wurm, dans la masse même d'une calamine solide, qui s'était incrustée autour d'eux. Les travaux des mines du Laurium ont également fait reconnaître la production actuelle de la smithsonite, qui, par exemple, recouvre une amphore sur 3 à 4 millimètres (collection du Muséum).

32. L'*antimoine* a été reconnu dans l'eau des sources de Rippoldsau (Bade) par M. Will, dans celles de Kissingen par M. Keller, à Mondorf près de Luxembourg par M. Van Kerckhoff (0^{gr},001 d'acide antimonieux par litre), à Pyrmont, à Drïbourg, à Carlsbad et dans bien d'autres. Pour celle de l'Entlibuch près Schöpfheim, la proportion atteint 1 d'oxyde d'antimoine sur 100 000. Le même métal a été rencontré dans des eaux de mines.

33. L'*étain* a été reconnu en quantités minimes dans diverses eaux : Bussang, Rippoldsau, Langenschwalbach, Liebenstein, Pyrmont, Mondorf, Kissingen, Carlsbad et Wiesbaden. La proportion a été trouvée, pour les sources Rakoczy et Pandur, à Kissingen, de 0,0000015 ; pour la source dite Stahlquelle à Bruckenau de 0,00000008 ; à Alexisbad l'étain forme 0,000003 du dépôt.

34. Le *titane* annoncé dans l'eau minérale de Neyrac par M. Mazade et par M. Henry n'a pas été constaté par M. Lefort. Ce même corps aurait été trouvé dans un dépôt, à Wiesbaden, à Schwalbach et à San Colombano (Lombardie), ainsi que dans une source près de Carlsbad (Bucksaüerling).

35. Le *cérium* à l'état d'oxyde a été signalé dans l'eau vitriolique de la mine de Rio Tinto, province de Huelva, par M. Moreno, où il serait dans la proportion de 0,0005. Il a été également indiqué dans la source thermale de Béjar, province de Cacerès, dans la proportion de $0^{gr},006$ par litre.

36. Le *glucinium* a été annoncé, d'après M. Moreno, aussi dans les eaux vitrioliques qui sortent des mines de Rio Tinto, ainsi que dans la source d'Antivcilles, d'après Pommier : dans la première localité, la glucine formerait $0^{gr},09$ par litre.

57. En 1825, Struve avait annoncé, dans les eaux de Selters et d'Ems, la présence du *cuivre*, qui ne pouvait être attribuée aux objets artificiels, au contact desquels ces eaux se seraient trouvées. Antérieurement ce métal avait été indiqué à Tœplitz et dans le dépôt de Carlsbad ; Berzélius en avait trouvé une trace dans l'eau de Seidschütz.

La présence du cuivre a été signalée comme générale, en même temps que celle de l'arsenic, dans les dépôts des sources ferrugineuses. Depuis lors, ce métal a été en effet trouvé dans beaucoup de localités : à Trianon et à Luxeuil par M. Chatin ; à Valmont (Seine-Inférieure), par M. Marchand ; à Bagnères-de-Luchon, par Filhol ; à Aulus, à Labassère, à Passy, au Havre, à Yvetot, à Bourbonne-les-Bains, à Balarue, etc. M. Keller l'a aussi découvert dans l'eau de la Stahlquelle à Bruckenau ; M. Will dans celle de Rippoldsau ; Liebig dans celle d'Aix-la-Chapelle ; M. Fresenius dans l'eau de Wiesbaden. Les eaux de Mondorf, Baden-Baden et Saint-Moritz sont aussi cuprifères. La proportion de l'oxyde de cuivre est, d'après M. Keller, de 0,0000012, à Bruckenau ; de 0,0000007 à 0,0000015 à Rippoldsau ; de 0,0000044, à Balarue, d'après M. Béchamp.

58. L'analyse d'un dépôt de céruse a révélé à M. Will la présence du *plomb* (0,00000016 à 0,00000057) dans

les sources de Rippoldsan ; ce même métal a été rencontré à Vichy dans les dépôts de plusieurs sources, par M. de Gouvenain ; à Kissingen (0,000001 à 0,0000013) ; à Ems, à Hombourg, à Carlsbad (Schlossbrunnen), à Langenschwalbach, à Liebenstein (0,000025 du dépôt ocreux) ; à Pyrmont, à Ronneby (0,000026 de l'ocre) et à Weinheim.

Les scories volcaniques, notamment au Vésuve, éruption de mars 1840, sont quelquefois recouvertes d'oxychlorure de plomb ou cotunnite, à la formation duquel la vapeur d'eau n'est peut-être pas étrangère[1].

39. Le *bismuth* a été indiqué par traces dans les dépôts ocreux de Dribourg, de Freyenwald, de Liebenstein et de Pyrmont.

40. *Mercure.* A part la présence du mercure, qui a été annoncée par M. Garrigou dans plusieurs sources des Pyrénées, et celle du mercure métallique que M. des Cloizeaux a observée dans le grand Geyser d'Islande, il est certain que diverses sources thermales et plusieurs geysers apportent du cinabre. Dans la Nevada, comté de Washoe, les Steamboatsprings déposent, en même temps que du soufre, du cinabre en proportion assez forte pour qu'on l'exploite[2].

Aux mines du Sulphurbank, situées près du lac Clear et ainsi nommées à cause de l'abondance du soufre natif qui avait été d'abord seul exploité, le cinabre paraît s'être produit et se produire encore, non par sublimation, mais par un précipité de dissolution aqueuse[3]. Les fissures à travers lesquelles passent les eaux contiennent une brèche, dont les fragments de grès et de schistes sont cimentés par des substances variées. Souvent c'est une boue conte-

---

[1] Scacchi. *Annales des mines*, 4e série, t. XVII, p. 323-333.

[2] Rolland. *Bulletin de la Société minéralogique*, 1878, p. 98 et le mémoire de M. Arthur Phillips.

[3] D'après MM. Arthur Philipps, Dr Carl Ochsenius, Joseph Le Conte et B. Rising.

nant des grains de sulfures métalliques ; en certains endroits, c'est un mélange de cinabre, de pyrite et de silice où le cinabre tend à dominer. Il arrive que ces trois substances constituent des enduits superposés.

41. L'*argent* a été mentionné dans l'eau des sources de Ronnebourg et de Liebenstein, où il serait en quantité dosable.

42. Plusieurs géologues[1] ont cru reconnaître qu'en Californie de l'*or* se dépose encore actuellement, particulièrement dans des graviers. On prétend aussi avoir trouvé ce métal dans l'eau de Louèche et plus récemment, d'après Götll, dans l'eau de Gieshübl et dans celle de Carlsbad.

43. Le *molybdène* a été annoncé par M. Mazade dans l'eau de Neyrac, mais sa présence a été niée.

44. L'*urane* a été indiqué par trace dans une source.

45. La présence du *tungstène* a été annoncée dans l'eau de Neyrac par M. Mazade, mais n'a pas été confirmée.

46. *Tantale*, même observation.

47. *Yttrium*, id.

48. *Zirconium*, id.

[1] MM. J.-P. Laur, Arthur Phillips et Egleston.

DEUXIÈME PARTIE

CLASSIFICATION DES EAUX SOUTERRAINES

———

Une classification chimique des eaux souterraines prête à l'arbitraire, à cause du grand nombre des substances qu'elles contiennent souvent.

Ce qui paraît le plus logique, c'est de ranger les eaux d'après la combinaison qui y prédomine, et c'est le parti auquel nous nous arrêtons.

Il faut reconnaître qu'en procédant ainsi, on se trouve, pour beaucoup de sources de première importance, en désaccord avec la caractéristique généralement admise. C'est ainsi que les eaux dites sulfureuses, celles des Pyrénées par exemple, si importantes au point de vue thérapeutique, ne contiennent des sulfures qu'en quantité ordinairement très inférieure à celle d'autres principes, chlorures, sulfates et carbonates. L'iode, le brome, l'arsenic, le fer, la lithine ne se trouvent qu'en proportion minime dans les eaux auxquelles ces corps ont cependant valu une grande réputation médicale.

Il arrive aussi que, dans une même source, deux substances se trouvent en quantités très voisines. C'est ce qui a lieu, par exemple, pour le carbonate de soude et le chlorure de sodium; exemples : la Bourboule, Royat, Saint-Nectaire (source Mandon), Saint-Maurice (Puy-de-Dôme), Gurgitello (Ischia). Alors, quelque faible que soit sa supériorité, il faut que le sel prédominant détermine le classement; il en résulte seulement une variété distincte.

Dans d'autres cas très fréquents, c'est à une substance réputée inerte, telle que le bicarbonate ou le sulfate de chaux, qu'appartient la prépondérance : alors on se trouve encore en opposition avec les usages reçus.

En outre, il faut remarquer que le classement purement chimique désarticule certains groupes naturels de sources. Ainsi une même localité, un même groupe de sources peut appartenir à la fois, pour ses divers griffons, lors même qu'ils ne seraient distants que de quelques décimètres, à deux ou même plusieurs de nos familles. Il en est ainsi à Cheltenham, dans le comté de Glocester.

Quoiqu'il en soit, même au point de vue des applications à l'hygiène, il peut être utile d'avoir une classification indépendante de toute idée préconçue.

Les familles ont été établies d'après les principes électronégatifs prédominants dans la source, et dans chacune d'elles le principe électro-positif a servi à caractériser les genres.

Nous allons passer en revue les familles et genres qui suivent :

Eaux. . . . . . .
- 1. Chlorurées . .
  - sodiques.
  - calciques.
  - magnésiques.
- 2. Chlorhydriquées.
- 3. Sulfurées.
- 4. Sulfuriquées.
- 5. Sulfatées. . .
  - sodiques.
  - calciques.
  - magnésiques.
  - alumineuses.
  - ferriques.
  - complexes.
- 6. Carbonatées. .
  - sodiques.
  - calciques.
  - ferriques.
  - complexes.
- 7. Silicatées.

Dans les pages qui vont suivre, on s'est vu contraint d'adopter les hypothèses émises sur les modes de groupement probables des substances dissoutes dans les eaux, sans se dissimuler toutefois que, dans beaucoup de cas, il n'y a pas de certitude à cet égard.

CHAPITRE PREMIER

SOURCES CHLORURÉES

§ 1. — SOURCES CHLORURÉES SODIQUES.

Chlorurées sodiques proprement dites.

Des sources nombreuses contiennent le chlorure de sodium en assez grande quantité pour que ce sel y ait été exploité depuis l'antiquité et figure dans le nom de beaucoup de localités : Marsal, Salins, Château-Salins, Salival, la Seille (rivière), Salies, Salat, Saléons, Sales, Salz, Salzbronn, Salzhauzen, Salzungen, Hall en Tyrol, Hall en Wurtemberg, Halle en Prusse, Reichenhall, etc.

La présence ordinaire du chlorure de sodium dans les émanations des volcans de boue, en Italie, en Sicile, en Crimée, à Turbaco, à Java, leur a valu le nom générique de *Salses.*

La proportion de chlorure de sodium varie depuis le degré de saturation jusqu'à des quantités si faibles que la saveur ne l'indique pas, comme il arrive dans beaucoup d'eaux potables. Dans une même localité la salure de sources diverses est très variable.

Pour beaucoup de sources chlorurées sodiques proprement dites, c'est le chlorure de sodium qui est tout à fait prédominant, comme à Schlangenbad, où $0^{gr},31$ de résidu renferme $0^{gr},22$ de chlorure de sodium ; à Soden, la proportion s'élève à $11^{gr},03$ pour $14^{gr},80$ de matière fixe. La source des Thermopyles, à la sortie du passage illustré par la mort de Léonidas et de ses Spartiates, contient principalement du chlorure de sodium, $8^{gr},16$ sur $11^{gr},65$. M. Raimondi a indiqué au Pérou la source de Luco, comme renfermant $13^{gr},20$ de chlorure de sodium sur $13^{gr},63$ de substances fixes.

Chorurées sodiques avec chlorures.

Le chlorure de calcium accompagne souvent le chlorure de sodium ; c'est ce dont témoignent les exemples suivants, où les quantités de chlorures de sodium et de calcium, exprimées en grammes, se rapportent à un litre.

NOM DE LA SOURCE	CHLORURE DE SODIUM.	CHLORURE DE CALCIUM.	RAPPORT DU CHLORURE de calcium AU CHLORURE de sodium.
Nauheim	2,7	2,2	0,81
Mondorf	8,76	3,16	0,36
Niederbronn	3,08	0,79	0,25
Creutznach	13,043	2,7	0,20
Dürkheim	12,850	1,58	0,12
Hombourg	14,80	1,57	0,10
Rothenfels	4,25	0,45	0,10
Wiesbaden	6,83	0,47	0,07

Aux exemples indiqués dans ce tableau il serait facile d'en ajouter bien d'autres, empruntés à des pays très divers. La source de Zwickau, en Saxe, contient par litre $14^{gr},88$ de chlorure de sodium et 6^{gr},29 de chlorure de calcium. Hall, en Autriche, contient par litre 16^{gr},36 de chlorure de sodium et 0^{gr},46 de chlorure de calcium; Mehadia, en Hongrie, 0^{gr},79 de chlorure de sodium et 0^{gr},40 de chlorure de calcium. En Toscane, la source de Stronchino donne 55^{gr},93 de chlorure de sodium et 5^{gr},61 de chlorure de calcium. En Angleterre et en Écosse, plusieurs sources pourraient être citées, par exemple, à Ashby, de la Zouch, dans le Leicestershire, qui présente 117^{gr},77 de chlorure de sodium contre 11^{gr},24 de chlorure de calcium. Au Pérou, la source récemment analysée de Salada de Chincay fournit, sur 29^{gr},99 de matière saline par litre, 21^{gr},28 de chlorure de sodium et 5^{gr},41 de chlorure de calcium.

D'après certaines analyses, le chlorure de magnésium occuperait le premier rang, comme on l'a supposé pour deux des sources de Bourbon-Lancy et comme cela résulterait d'une analyse des sources thermales des Bains de la Reine près Oran; M. de Marigny y a trouvé par litre 12^{gr},58 de matière fixe, dont 5^{gr},96 de chlorure de sodium et 4^{gr},52 de chlorure de magnésium. A Roucas (Bouches-du-Rhône), on trouve 20^{gr},53 de chlorure de sodium contre 2^{gr},0 de chlorure de magnésium. Une source du Portugal a donné 15^{gr},43 de chlorure de sodium pour 3^{gr},50 de chlorure de magnésium.

Enfin, il est des cas où le chlorure de potassium a été signalé comme venant immédiatement après le chlorure de sodium. Telles sont la source de Salies (Basses-Pyrénées), qui contient 216^{gr},02 de chlorure de sodium contre 2^{gr},08 de chlorure de potassium, et celle de Methane, en Argolide, où l'on indique 51^{gr},52 de chlorure de sodium et 1^{gr},60 de chlorure de potassium.

Chlorurée sodique avec sulfure.

La source Bayen à Luchon, que l'on s'accorde à considérer comme éminemment sulfureuse, renferme par litre, d'après Filhol, sur $0^{gr},22$ de matières fixes, $0^{gr},07$ de sulfure de sodium et $0^{gr},08$ de chlorure de sodium qui, par conséquent, serait la substance réellement prédominante.

Chlorurées sodiques avec sulfates.

Des sulfates accompagnent très souvent le chlorure de sodium; ce sont spécialement ceux de soude, de chaux et de magnésie. Ainsi les sources salées qui jaillissent du new red-sandstone en Angleterre, à Droitwich, par exemple, contiennent des chlorures et des sulfates dans le rapport de 28 à 1[1]; on sait que dans l'eau de mer le rapport de ces deux sortes de sels est de 5 à 1. A Salies (Basses-Pyrénées), on trouve par litre 9 grammes de sulfates divers contre 216 grammes de chlorure de sodium.

Comme dernier exemple, dans la source de Hammam-Selam, dans le Hodna, en Algérie, $2^{gr},18$ de sulfates à base de soude, de chaux et de magnésie, accompagnent $6^{gr},71$ de chlorure de sodium par litre d'eau, d'après M. Vatonne.

Le tableau suivant résume quelques autres exemples de chlorurées sodiques, dont le sel secondaire prédominant paraît être le sulfate de soude.

[1] D'après M. Prestwich.

NOMS DES SOURCES	CHLORURE DE SODIUM.	SULFATE DE SOUDE.	RAPPORT DU SULFATE de soude AU CHLORURE de sodium.
Leamington (Angleterre)	4,32	4,28	0,99
Saline de Friedrikshall (Saxe-Meiningen) .	7,9	6,05	0,75
Saint-Gervais, source du Torrent	1,79	0,82	0,45
Saint-Honoré (Nièvre).	0,30	0,13	0,43
Sprudel de Kissingen (Bavière).	11,51	2,64	0,407
Saline de Kissingen (Bavière)	157,98	64,47	0,226
Wildegg (Argovie).	7,74	1,67	0,215
Luxeuil (Haute-Saône).	0,77	0,17	0,19
Reichenhall (Bavière).	212,00	2,7	0,012
Source Citara à Ischia..	3,85	0,381	0,09

Citons encore : Uriage (Isère); Bains (Vosges); Salins, en Savoie; Wildegg et Bade, en Suisse; Pyrmont, en Allemagne; Cheltenham, en Angleterre; Ischl, en Autriche; Piatigorsk (Caucase); Aqua Caliente, près Carthago (Costa-Rica), etc.

Il est des sources chlorurées sodiques caractérisées par le sulfate de chaux. Telles sont, en France : Bourbonne, Balaruc, Brides, Lamothe (Isère); Eaux-Bonnes, Eaux-Chaudes, Salz (Aude); Guagno (Corse); — en Algérie : Hammam-Meskoutine, Hammam-Setif, Aïn-el-Hammam, Hammam-Melouan; — dans le duché de Bade : Baden-Baden, La Hube, Erlenbad; — Cannstadt, en Wurtemberg; — en Prusse : Salzhausen, Meinberg, Halle, Oeynhausen, Lunebourg; — en Bavière : Reichenhall; — en Italie : Monte-Catini et Abano; — en Espagne : Cestona-Guesalaga, Caldas de Tuy, Caldas de Rainha; — en Grèce : Thermia; — dans le Turkestan russe : Kache Arassan; — enfin, plusieurs sources récemment analysées du Pérou, comme Chancos, Baños de Candarave, etc.

D'autres sont caractérisées par le sulfate de magnésie, comme à Salins (Jura), où l'on a indiqué $0^{gr},87$ de sulfate de magnésie par $27^{gr},42$ de chlorure de sodium. Citons encore

Domène (Isère); Schinznach, en Suisse; Busko, en Pologne; Orel, en Russie; Cos, en Anatolie; une source de l'île de Zante.

Chlorurées sodiques avec carbonates.

Ce sont les carbonates qui peuvent prédominer, à la suite du chlorure de sodium; tantôt c'est le carbonate de soude, tantôt le carbonate de chaux.

Ainsi, au mont Cornadore, à Saint-Nectaire-le-Haut, la source nouvelle a donné à l'analyse, sur $5^{gr},14$ de matières fixes, $1^{gr},10$ de chlorure de sodium et $1^{gr},16$ de bicarbonate de soude [1].

A Royat, les sources dites César, Saint-Mart, Saint-Victor et Eugénie, contiennent : sur $3^{gr},58$, $5^{gr},98$, $6^{gr},41$ et $5^{gr},04$ de résidu fixe : $0^{gr},65$, $1^{gr},54$, $1^{gr},66$ et $1^{gr},67$ de chlorure de sodium avec $0^{gr},63$, $0^{gr},91$, $1^{gr},05$ et $1^{gr},02$ de bicarbonate de chaux [2].

Ces deux carbonates sont en proportions à peu près égales à Wildbad, d'après Fehling, pour chacun, $0^{gr},079$ sur $0^{gr},20$ de chlorure de sodium. Le poids de carbonate se rapproche beaucoup de celui des chlorures dans la source de Hamma, près Constantine, d'après l'analyse de M. de Marigny. Le carbonate de soude domine à Saint-Nectaire, à Aix-la-Chapelle, à Borcet, à Selters, à Adelheidquelle (Bavière), à Ischia, à Pouzzoles, à Saratoga (États-Unis).

C'est le carbonate de chaux, à Bourbon-l'Archambault, à Chatelguyon, à Sylvanès (Aveyron), à Lons-le-Saulnier, à Nauheim, à Soden, à Kissingen, à Saint-Genis (Piémont).

---

[1] Tout à côté, jaillit la source romaine qui, sur $6^{gr},59$ de résidu fixe, contient $1^{gr},78$ de bicarbonate de soude et $1^{gr},71$ de chlorure de sodium. — (*Annales des mines*, 8ᵉ série, t. VII, p. 137, 1885.)

[2] CARNOT, *Mémoire précité.*

Enfin, à Neuschwalheim, c'est le carbonate de magnésie qui vient immédiatement après le chlorure de sodium.

D'après une analyse de M. Ossian Henry, trois sources de Rennes-les-Bains, celles de Bain-Fort, Bain-Doux et Bain-de-la-Reine, renferment le chlorure de magnésium comme substance prédominante; celle du Bain-de-la-Reine contient $1^{gr},16$ par litre de matières fixes, dont $0^{gr},32$ de chlorure de magnésium à $0^{gr},18$ de chlorure de sodium.

Au Pérou, la source Tangolaya, à une lieue de la ville de Puno, renferme, d'après M. Raimondi, sur $1^{gr},03$ de matières fixes, $0^{gr},28$ de chlorure de magnésium et $0^{gr},22$ de chlorure de calcium. On doit mentionner, comme appartenant à la même catégorie, les sources de Dignes, Bex, Windsor-Forest, Nègrepont.

Il est des sources où le chlorure de calcium a été indiqué comme sel prédominant.

Les cinq sources de Cauquenes, au Chili, d'après Lawrence Smith, renferment par litre, sur $3^{gr},39$ de matières fixes, $2^{gr},17$ de chlorure de calcium avec $1^{gr},10$ de chlorure de sodium. Au Pérou, les sources très chaudes de San-Fernando et de Tinguiririca ont donné à M. Raimondi, sur $3^{gr},5$ de matières salines, $2^{gr},55$ de chlorure de calcium et $1^{gr},25$ de chlorure de sodium.

La prépondérance du chlorure de calcium a été signalée encore dans les sources de Laguna, à Luçon (Philippines). Aux îles Fidji, les sources bouillantes de Savu-Savu, d'après l'analyse de M. Liversidge, renferment par litre $7^{gr},61$ de matières fixes, dont $3^{gr},65$ de chlorure de calcium et $3^{gr},89$ de chlorure de sodium. Les sources d'Aumale, de Pitkeathly (Écosse), de Sclafani (Sicile), de Villatoya (Espagne), de Montachique (Portugal), doivent être également citées.

CHAPITRE II

SOURCES CHLORHYDRIQUÉES

L'acide chlorhydrique prédomine dans les produits de condensation des fumerolles recueillis à l'Etna, à Vulcano, au Vésuve. D'après les analyses de M. Lefort [1], les premières ont donné pour 100 centimètres cubes : acide chlorhydrique $1^{gr},481$, contre $0^{gr},299$ seulement d'acide sulfurique. Celles recueillies à Vulcano, dans l'intérieur du grand cratère, ont fourni, pour la même quantité de liquide, $0^{gr},671$ d'acide chlorhydrique et $0^{gr},653$ d'acide sulfurique. Les vapeurs acides qui se dégageaient, en 1855 et 1856, du bord oriental d'un des gouffres formés en février 1850 sur le plateau supérieur du Vésuve, contenaient également, pour 100 centimètres cubes, $3^{gr},54$ d'acide chlorhydrique et $0^{gr},05$ d'acide sulfurique.

Cette même prédominance se retrouve dans les sources naturelles qui jaillissent des flancs de divers volcans, comme on l'a vu plus haut. Aux exemples qui ont été cités on ajoutera celui d'une eau recueillie au volcan du Popacatepetl,

[1] *Comptes rendus*, t. LVI, p. 911, 1863.

où, d'après l'analyse de M. Lefort, 1 litre contient $11^{gr},01$ d'acide chlorhydrique sur un total de $17^{gr},512$ de matières dissoutes. En saturant l'alumine et les autres bases, comme il paraît probable, il y aurait environ 1 pour 100 d'acide chlorhydrique libre.

CHAPITRE III

SOURCES SULFURÉES

Comme on l'a dit plus haut, les sources classées comme sulfureuses, au point de vue médical, ne contiennent pas ordinairement un sulfure comme élément prédominant; cependant il n'en est pas toujours ainsi, et on peut citer à Barèges la source de l'Entrée, comme réellement caractérisée, d'après l'analyse d'Ossian Henry, par le sulfure de sodium. Ce composé représente par litre $0^{gr},04$ sur $0^{gr},11$ de matières fixes. Il en est de même pour les autres sources de Barèges et à Challes.

On peut encore considérer comme sources sulfurées celles du Vernet (Pyrénées-Orientales), de Penaguila (Espagne), où l'on a signalé le sulfure de sodium; celles de Champoléon (Basses-Alpes) et de Trillo (Espagne), où c'est le sulfure de calcium qui domine.

CHAPITRE IV

SOURCES SULFURIQUÉES

On a vu précédemment que l'acide sulfurique existe dans diverses sources, parmi lesquelles il en est dont il constitue l'élément prédominant. C'est ainsi que la source thermale de la base du Parano de Ruiz renferme par litre $2^{gr},99$ d'acide sulfurique libre et des quantités beaucoup plus faibles d'autres substances dissoutes.

M. de Botella a trouvé dans la province d'Almeria qu'une source qui prend naisance dans une mine de soufre, à la température de 19 degrés, contient 10 à 12 pour 100 d'acide sulfurique. Parmi les sources *sûres* que M. Sterry Hunt a signalées au Canada, il en est une, près du lac Ontario, qui renferme par litre, sur 6 grammes de substances, $4^{gr},29$ d'acide sulfurique.

Au Japon, la source de Koussuts, analysée par Filhol, a donné par litre, sur $4^{gr},89$ de substances dissoutes, $1^{gr},80$ d'acide sulfurique libre et $0^{gr},77$ d'acide chlorhydrique.

Mémoires de la Société de physique de Toulouse, t. III, 1878.

CHAPITRE V

SOURCES SULFATÉES

§ 1. — SULFATÉES SODIQUES.

Quand le sulfate de soude prédomine, il est accompagné d'autres sels, parmi lesquels plusieurs se signalent par l'abondance relative, d'après les probabilités supposées par les auteurs des analyses. Tels sont :

Le carbonate de soude ; exemples : Carlsbad, où, sur 6^{gr},44 par litre, il y a 2^{gr},5 de sulfate de soude et 1^{gr},3 de carbonate. Sail-lès-Château-Morand (Loire), Olette (Pyrénées-Orientales), Tramesaigues (Hautes-Pyrénées), Warmbrunn (Prusse), Clifton (Angleterre), Penticosa (Espagne), sont dans le même cas.

Le chlorure de sodium ; exemples : Marienbad (Bohème), 12^{gr},5 de sels fixes dont 5 grammes de sulfate de soude et 2 de chlorure de sodium ; source de Coronuco, à la base du volcan de Puracé, d'après M. Boussingault, 7^{gr},43 de matières fixes dont 3^{gr},89 de sulfate de soude et 2^{gr},75 de chlorure de sodium ; Saint-Gervais, source pour la boisson,

$5^{gr},14$ par litre, dont $2^{gr},03$ de sulfate de soude, $1^{gr},60$ de chlorure de sodium; Bertrich, près Coblentz, $1^{gr},6$ de matières fixes, dont $0^{gr},8$ de sulfate de soude et $0^{gr},4$ de chlorure de sodium; Lavey, en Suisse, $1^{gr},3$, dont $0^{gr},7$ de sulfate de soude et $0^{gr},36$ de chlorure de sodium. Citons encore Évaux, Vicoigne, en France; Bertrich, Augustusbad, en Allemagne; Marienbad, Franzensbad, Also-Sebès, en Autriche-Hongrie; Guardia-Vieja, en Espagne; Aksou, Arranssansk, en Russie; Païpa, dans la Nouvelle-Grenade.

Le sulfate de chaux ; exemples : Miers (Lot), sur $5^{gr},37$ de matières fixes, $2^{gr}67$ de sulfate de soude, et $0^{gr},9$ de sulfate de chaux; puits artésien de Rochefort, d'une profondeur de 856 mètres, d'après M. Roux, sur $5^{gr},98$, $2^{gr},55$ de sulfate de soude et $1^{gr},81$ de sulfate de chaux. Craveggia (Piémont), Parad et Bruszno (Hongrie) ont des compositions comparables.

Le sulfate de magnésie : Allevard, qui renferme $0^{gr},525$ de sulfate de soude et $0^{gr},525$ de sulfate de magnésie; Ofen (Hunyady Janos et autres).

§ 2. — SULFATÉES CALCIQUES.

Outre les eaux potables dans lesquelles le sulfate de chaux prédomine, comme dans la source d'Arcueil qui contient, sur $1^{gr},53$ de résidu, $1^{gr},13$ par litre, il est des eaux minérales qui sont caractérisées par la présence du même sel. Le chlorure de sodium occupe le second rang dans les sources de Brides, en Savoie; de Filetta, en Toscane, et de

---

[1] On sera surpris de trouver ici ces sources réputées comme éminemment magnésienne, mais l'analyse y indique la prédominance du sulfate de soude.

Caño de San-Cristobal, au Pérou; Aïn-Madagre et Hammam-ould-Khaled, en Algérie.

Dans quelques localités, c'est le chlorure de calcium qui se présente au second rang, quant à l'abondance, comme à Brides (Savoie), où l'on trouve sur 6^{gr},64 par litre 2^{gr},25 de sulfate de chaux et 1^{gr},84 de chlorure de calcium. C'est comme la contre-partie d'une des divisions qui ont été admises plus haut parmi les sources chlorurées.

Le plus souvent c'est le sulfate de magnésie et le sulfate de soude qui prédominent à la suite du sulfate de chaux.

Parmi les sources à sulfate de magnésie nous citerons :

NOM DES SOURCES	SULFATE DE CHAUX.	SULFATE DE MAGNÉSIE.	RAPPORT DU SULFATE de magnésie AU SULFATE de chaux.
Vittel (Vosges).	0,44	0,43	0,9
Ussat (Ariège).	0,31	0,27	0,8
Audinac (Ariège).	0,95	0,46	0,49
Dax (Landes).	0,35	0,17	0,45
Capvern (Hautes-Pyrénées).	1,09	0,46	0,4
Encausse (Haute-Garonne).	2,13	0,54	0,25
Salies (Haute-Garonne).	1,21	0,27	0,22
Siradan (Hautes-Pyrénées).	1,36	0,28	0,20
Barbazan (Haute-Garonne).	1,56	0,30	0,20
Loëche (Valais).	1,52	0,30	0,19
Aulus (Ariège).	1,82	0,21	0,11

Beaucoup d'autres sources sont dans le même cas; exemples : Belleville (Paris), Martigny (Vosges), Castera-Verduzan (Gers), Cambo (Basses-Pyrénées), Dribourg (Prusse), Lucques et Pise (Toscane), Marbella et Sacedon (Espagne), Weissembourg et Gurnigel (Suisse), Brousse (Turquie d'Asie) et Santa-Clara (Pérou).

Les sources suivantes comptent parmi celles qui renferment surtout du sulfate de soude :

NOM DES SOURCES	SULFATE DE CHAUX.	SULFATE DE SOUDE.	RAPPORT DU SULFATE de choix AU SULFATE de soude.
Saint-Amand (Nord)..	0,87	0,28	0,27
Bath (Angleterre).	1,14	0,27	0,23
Source du Dauphin , à Bagnères-de-Bi-gorre (Hautes-Pyrénées).	1,90	0,40	0,21

Citons comme étant dans le même cas : Saint-Amand (Nord), Propiac (Drôme), San Bernardino (Suisse), Meinberg (Allemagne du Nord), Posteny (Autriche), Quinto (Espagne).

Dans quelques sources, c'est le carbonate de chaux qui contribue à la minéralisation avec le sulfate de chaux. Tel serait le cas pour Baden en Autriche, où l'on a indiqué sur $1^{gr},06$ par litre $0^{gr},34$ de sulfate de chaux et $0^{gr},33$ de carbonate de chaux, et pour la source du Pavillon à Contrexéville, qui, d'après Ossian Henry, renferme, sur $2^{gr},94$ par litre, $1^{gr},15$ de sulfate de chaux et $0^{gr},67$ de carbonate de chaux. Il en est de même à Enghien (Seine-et-Oise), Bagnères-de-Bigorre (Hautes-Pyrénées), Salies (Haute-Garonne), Euzet (Gard), Badenweiller et Kreuth (Allemagne); Voslau, Szkleno et Szliacz (Autriche-Hongrie); Viterbe (Italie).

§ 3. — SULFATÉES MAGNÉSIQUES.

Le sulfate de magnésie est associé à divers sels, dont la proportion, quoique inférieure à la sienne, contribue notablement à la minéralisation des eaux. Dans les sources de Scarborough (Angleterre), d'Eptingen (Suisse), d'Alhama, de

Jaen, de Buzot (Espagne), c'est le sulfate de chaux qui tient le second rang.

Souvent c'est le sulfate de soude, comme dans les exemples suivants :

NOM DES SOURCES	SULFATE DE MAGNÉSIE.	SULFATE DE SOUDE.	RAPPORT DU SULFATE de soude AU SULFATE de magnésie.
Püllna (Bohême).	53	21,8	0,66
Seidschütz (Bohême).	10,9	6,5	0,58
Montmirail (Vaucluse).	9,30	5,06	0,54
Birmenstorf (Suisse).	22,0	7,00	0,31

Une source découverte en 1884 à Cruzy, canton de Saint-Chignan (Hérault), a fourni un résidu fixe renfermant, sur 100 parties, 88 de sulfate de magnésie et 6,5 de sulfate de soude. Ajoutons à ce tableau la source de Soulieu (Isère).

Ailleurs c'est le chlorure de sodium, comme à la source n° 2 de Montmajou (Hérault), qui contient sur $7^{gr},46$ de matières fixes $3^{gr},86$ de sulfate de magnésie et $1^{gr},76$ de chlorure de sodium. Il en est de même en Espagne, à Alhama d'Aragon et à Villavieja de Nulès.

Ailleurs, c'est le chlorure de calcium que l'analyse indique comme occupant le second rang : l'une des sources de Cheltenham (Glocestershire) renferme sur $9^{gr},1$ de résidu $5^{gr},50$ de sulfate de magnésie avec $1^{gr},39$ de chlorure de calcium.

Quelquefois le carbonate de magnésie ; exemple : Gran en Hongrie, qui par litre renferme $108^{gr},77$ de matières fixes, dont la quantité exceptionnelle de $104^{gr},43$ de sulfate de magnésie, avec $3^{gr},35$ de carbonate de la même base. A Almeria (Espagne) on a obtenu des résultats analogues.

Parfois le carbonate de chaux le suit immédiatement : la source de Sermaize a donné par litre $1^{gr},55$ de résidu, dont $0^{gr},70$ de sulfate de magnésie et $0^{gr},48$ de carbonate de chaux ; la source de Gross-Albertshofen près de Salzbach, en Bavière, contient sur $1^{gr},2$ de résidu $0^{gr},65$ de sulfate de magnésie et $0^{gr},37$ de carbonate de chaux. Citons aussi Château-Gontier (Mayenne) et Venelle (Toscane).

C'est le sulfate d'ammoniaque qui occupe le second rang dans les eaux des soffioni de Travale, d'après M. Bechi, qui a trouvé sur 100 de matières fixes obtenues par évaporation 55 de sulfate de magnésie et 30 grammes de sulfate d'ammoniaque.

§ 4. — SULFATÉES ALUMINEUSES.

Le sulfate d'alumine a été signalé comme prédominant dans une eau recueillie au volcan du Popocatepetl (Mexique) : $2^{gr},08$ d'alumine, sans doute à l'état de sulfate, sur $17^{gr},51$ de matières fixes ; au volcan de Puracé, $0^{gr},40$ de la même base sur $2^{gr},99$ de matières salines.

§ 5. — SULFATÉES FERREUSES ET FERRIQUES.

Certaines eaux contiennent principalement du sulfate de protoxyde de fer.

§ 6. — SULFATÉES COMPLEXES.

Quoique les sources dont il vient d'être question renferment en général plusieurs sulfates, il en est de plus complexes encore, où l'analyse n'indique pas moins de sept ou huit bases combinées à l'acide sulfurique, et dans des proportions assez peu différentes les unes des autres.

Telles sont les eaux de Cransac (Aveyron), avec magnésie, chaux, alumine, soude, manganèse, fer, potasse, et celles qui affluent dans les ardoisières des environs d'Angers, ainsi que dans les mines d'anthracite de la Mayenne, dont Le Chatelier[1] a fait un examen approfondi; le nickel, le cobalt se joignent aux bases qui précèdent.

[1] *Annales des mines*, 3ᵉ série, t. XX, p. 575, 1841.

CHAPITRE VI

SOURCES CARBONATÉES

§ 1. — SOURCES CARBONATÉES SODIQUES.

Le carbonate de soude, dont la prédominance caractérise de nombreuses sources, est accompagné de sels divers qui tiennent le second rang.

Souvent c'est le chlorure de sodium :

NOM DES SOURCES	BICARBONATE DE SOUDE.	CHLORURE DE SODIUM.	RAPPORT DU CHLORURE de sodium AU BICARBONATE de soude.
Saint-Nectaire (Puy-de-Dôme [1]).	2,70	2,39	0,88
Ems (Nassau).	2,09	0,94	0,44
Vals (Ardèche).	6,2	0,19	0,35
Châteauneuf (Puy-de-Dôme).	0,97	0,17	0,17
Vichy (Allier).	4,91	0,53	0,10

Il faut citer, à la suite de ces sources, celles du Mont

[1] C'est un des nombreux exemples de la variété des sources d'une même localité.

Dore, de Martres-de-Veyre, de Chaudes-Aigues, de Vic-sur-Cère, de Saint-Yorre, d'Hauterive, de Moingt (Loire), de Saint-Laurent-les-Bains (Ardèche), de Bagnols (Lozère), du Boulou (Pyrénées-Orientales), d'Yverdun, en Suisse, de Birresborn, de Gleichenberg, de Zaison, en Transylvanie, de Hovingham, en Angleterre, de Romagna, en Toscane, d'Orense, en Espagne, de Hammam-Bou-Hadjar, de Hammam-Sidi-Scheik, d'Aïn-Mentil, de Hammam-Sidi-Ben-Kheir, de Hammam-Sidi-Ait, d'Ouled-Sidi-Brahim, en Algérie.

Dans bien des eaux, c'est le carbonate de chaux :

NOM DES SOURCES	CARBONATE DE SOUDE.	CARBONATE DE CHAUX.	RAPPORT DU CARBONATE de chaux AU CARBONATE de soude.
Saint-Nectaire (Puy-de-Dôme)..	1,51	1,38	0,91
Soultzmatt (Alsace).	0,96	0,43	0,44
Bussang (Vosges).	0,78	0,34	0,43
Jaujac (Ardèche).	1,67	0,72	0,43
Source Sainte-Aline, à Commentry (Allier).	0,20	0,07	0,37
Andabre (Aveyron).	1,82	0,28	0,15

Nommons à la suite de ce tableau : Coudes, Chabetout, Courpières, Bondes, Sauxillanges, Beaulieu (Puy-de-Dôme), Cusset, Vaisse (Allier), Sainte-Marie (Cantal), Montbrison, Neyrac, La Malou, Fideris, en Suisse, Malmedy, Godesberg, Geilnau, Wildungen, Birkenfeld, Annaberg, Wiesenbad, en Allemagne; Giesshübel, Parad, Rodna, Rodok, Pojan, Fellathale, en Autriche.

Ailleurs c'est le carbonate de magnésie :

NOM DES SOURCES	BICARBONATE DE SOUDE.	BICARBONATE DE MAGNÉSIE.	RAPPORT DU CARBONATE de magnésie AU CARBONATE de soude.
Hauterive (Allier).	4,68	0,50	0,11
Montrond (Loire).	4,75	0,25	0,05

Il faut ajouter les noms de Saint-Romain-le-Puy (Loire), Neusiedel, Alt-Sohl, Al-Gizögy, Kostreiniz, en Autriche-Hongrie, Falciaj, en Toscane.

Le sulfate de soude occupe le second rang à Néris (Allier), où, sur $1^{gr},14$ de résidu, il y a $0^{gr},42$ de bicarbonate de soude et $0^{gr},58$ de sulfate de soude ; dans la source de Kukurtlus, à Brousse, qui, d'après Lawrence Smith, contient, sur $0^{gr},97$ de matières fixes, $0^{gr},41$ de bicarbonate de soude et $0^{gr},19$ de sulfate de soude. Les sources de Vinça (Pyrénées-Orientales), Landeck, Salzbrunn, Cudowa (Prusse), Bilin, en Bohême, Borzaros, en Transylvanie, et Jamnicza, en Croatie, doivent être mentionnées également.

C'est le silicate de chaux qui suit le carbonate de soude dans une source du Vernet, où on l'a trouvé sur $0^{gr},27$ par litre $0^{gr},09$ de carbonate de soude et $0^{gr},06$ de silicate de chaux.

§ 2. — CARBONATÉES CALCIQUES.

Ainsi qu'on l'a vu plus haut, le carbonate de chaux prédomine dans un grand nombre d'eaux potables, dont beaucoup, telles que celles d'Arcueil, incrustent leurs tuyaux de conduite ou déposent des travertins à proximité de leur orifice, comme on l'a vu plus haut pour plusieurs sources chaudes et froides (pages 21 et 22, et figures 3 et 4). Toutes ces sources peuvent par conséquent être rangées parmi les carbonatées calciques.

Quelquefois ce qui suit est le sulfate de chaux, comme à Ussat, où l'on trouve par litre sur $1^{gr},276$ de matières fixes $0^{gr},70$ de bicarbonate de chaux et $0^{gr},19$ de sulfate de chaux, et à Aix, en Savoie, où, d'après M. Wilm, la source dite de soufre, contient sur $0^{gr},49$ par litre $0^{gr},19$ de carbonate de chaux et $0^{gr},09$ de sulfate de chaux. A Enghien, près Paris, avec $0^{gr},35$ de carbonate de chaux par litre, il y a $0^{gr},28$ de sulfate de chaux. Citons à la suite, Siradan (Hautes-Pyrénées), Foncirgne (Ariège), la Bonne-Fontaine (Lorraine allemande), Hammam-Mzara, Hammam-Djerob, Hammam-Chin, en Algérie; Badenweiler, Pyrmont, en Allemagne; Teplicz, en Hongrie; San Filippo, Leccia Chianciano, en Italie; Monterey, au Mexique.

Ailleurs le carbonate de soude est le principal compagnon du carbonate de chaux, comme à La Malou l'Ancien, source de l'Usclade, où ce sel forme les 0,92 du poids du carbonate, et à Saint-Galmier (Loire), où l'on trouve sur $2^{gr},89$ de résidu $1^{gr},02$ de bicarbonate de chaux et $0^{gr},56$ de carbonate de soude, c'est-à-dire 0,54 du premier. On aurait pu comprendre dans la même liste : Chambon, Chateldon, Medaigne (Puy-de-Dôme); Saint-Galmier, Saint-Alban (Loire); Neyrac, Celles (Ardèche); La Malou-le-Haut, Rieumajou, Businargues (Hérault); Prugnes (Aveyron); Monestier-de-Clermont (Isère); La Caille (Savoie); Rippoldsau, Teinach, Marienfels, Altwasser, Charlotenbrunnen, Alexanderbad, Abensberg, Hohenberg, en Allemagne; Arapataka, en Autriche; Laterina, en Italie.

Souvent c'est le carbonate de magnésie qui occupe le premier rang après le carbonate de chaux.

NOM DES SOURCES	CARBONATE de chaux.	CARBONATE de magnésie.	RAPPORT DU CARBONATE de magnésie AU CARBONATE de chaux.
Pougues (Nièvre).............	1,53	0,98	0,73
Evian (Savoie).............	0,28	0,12	0,42
Oued el Hamman (Algérie).........	1,29	0,09	0,07

Nommons aussi : Saint-Hippolyte d'Enval, Grandrif (Puy-de-Dôme); Valence, Dieu-le-Fit, Vaugnières (Drôme); Bourg-d'Oisans (Isère); Saint-Simon (Savoie); Aix (Bouches-du-Rhône); Puzzichello (Corse); Rosheim (Alsace); Hammam-bou-Hanifia (Algérie); Géronstère, Insleville, Groesbeck, Tongres (Belgique); Les Ponts, Thalgout, Enguistein, Suot Sass, Wih (Suisse); Steben, Imnau, Langenau, Nieder-Langenau, Feldafing (Allemagne); Neuhaus, Moha, Stubitza, Krapina (Autriche-Hongrie); Pietra, Bergallo (Italie); Caldas de Oviedo, Landete (Espagne).

Parfois c'est le carbonate ferreux, comme à Griesbach, grand-duché de Bade, où l'on trouve sur $3^{gr},12$ de matières fixes $1^{gr},59$ de bicarbonate de chaux et $0^{gr},078$ de bicarbonate ferreux. On l'a mentionné aussi comme principe caractéristique à Provins (Seine-et-Marne), Orezza (Corse), Schmerikon (Suisse), Presbourg (Hongrie), Puguio de San-José de los Baños (Pérou).

§ 5. — CARBONATÉES FERRIQUES [1].

Beaucoup des sources qualifiées de bicarbonatées ferreuses ne contiennent du carbonate de protoxyde de fer qu'en pro-

[1] Pour conserver une désinence uniforme, on a cru devoir s'écarter ici de l'usage

portion inférieure à celle d'autres éléments constituants.
Ainsi l'eau d'Orezza (Corse) renferme, d'après l'analyse de
Poggiale, sur $0^{gr},84$ de matières fixes $0^{gr},128$ de carbonate de
fer contre $0^{gr},602$ de carbonate de chaux. A Spa, la source
du Pouhon contient, sur $0^{gr},35$ de matières fixes, $0^{gr},092$ de
carbonate de fer et $0^{gr},095$ de carbonate de soude. Cependant, dans la même localité, la source de Géronstère contient
les deux sels à peu près en quantité égale ; sur $0^{gr},175$ de
matières fixes, le carbonate de fer représente $0^{gr},0483$ et le
carbonate de soude $0^{gr},0479$. Pour Pyrmont, la plus chargée
de fer, le Trinkbrunnen, ne saurait non plus être considérée
comme appartenant à notre catégorie des carbonates ferriques, puisque sur les $2^{gr},57$ de matière fixe on ne trouve que
$0^{gr},05$ de carbonate de fer, alors que le bicarbonate de chaux
s'élève à $1^{gr},04$.

Cependant il existe sans doute de vrais carbonates ferriques.
C'est ainsi que d'après les résultats publiés par divers ana-
lystes, on pourrait considérer comme telles les sources de
Cassuejouls (Aveyron), Saint-Christophe en Brionnais (Saône-
et-Loire), Ebeaupin (Loire-Inférieure), Blanchimont, Nou-
veau-Tonnelet, en Belgique; Czarchow, en Silésie, Klausen,
Korsow, Dorna, en Autriche; Acqua-Acidula, en Italie; Her-
videros de Villar-del-Poso et Portugos, en Espagne.

§ 4. — CARBONATÉES MAGNÉSIQUES.

Dans quelques sources, c'est le carbonate de magnésie
qui prédomine, comme dans une source de Montmajou
(Hérault), d'après M. Moitessier.

---

chimique, en donnant le nom de ferriques à des sources qui cependant renferment le
fer au minimum.

§ 5. — CARBONATÉES COMPLEXES.

Il est rare que les eaux carbonatées ne renferment pas simultanément plusieurs carbonates, de telle sorte qu'il est difficile de ranger ces eaux dans l'une des catégories précédentes, aucun des carbonates ne prédominant d'une manière évidente.

Telles sont en France différentes sources du plateau central : Mont-Dore, Pontgibaud, Royat (Puy-de-Dôme), Néris et Saint-Pardoux (Allier), Sail-les-Bains, Sail-sous-Couzan et Renaison (Loire), Veyrasse (Hérault), Oriol (Isère), Allezani (Corse), Pouhon (Belgique), Schwalbach, Reinerz Schwalheim, Reutlingen (Allemagne); Kiskalan (Autriche). Telles sont encore plusieurs sources de Langenschwalbach; l'une d'elles cependant, le Weinbrunnen, est remarquable par la prédominance du bicarbonate de magnésie : $0^{gr},60$ sur $0^{gr},57$ de bicarbonate de chaux. La source de Rossdorf près Bonn est caractérisée par la présence, en quantités à peu près égales, de carbonate de soude et de carbonate de magnésie.

Diverses sources du Canada[1] appartiennent à cette catégorie; toutefois le carbonate de magnésie a été signalé comme légèrement prédominant dans plusieurs d'entre elles : Bulgnéville (Vosges), Bussiaires (Aisne), Labarthe de Neste (Hautes-Pyrénées) et diverses sources de Maine-et-Loire; Geroldsgrund, en Bavière; Liebweida, Obladis, Ajnacsko, en Autriche; San Adrian y la Losilla, Puertollano, Marmolejo, en Espagne.

[1] *Description géologique du Canada.*

CHAPITRE VII

SOURCES SILICATÉES

La silice qui est ordinairement en dissolution dans les eaux potables, comme Henri Sainte-Claire Deville l'a reconnu, paraît être l'élément principal dans certaines sources ordinaires.

Telle est celle de Saint-Yrieix (Haute-Vienne), analysée par M. Peligot, qui contient seulement $0^{gr},006$ de matière fixe, consistant principalement en silicate de potasse.

Diverses sources thermales renferment également la silice en quantité prédominante et paraissent ainsi motiver un groupe de sources silicatées, bien que ce nom ne figure pas dans les classifications jusqu'ici adoptées.

Il en est ainsi pour l'eau du grand Geyser en Islande, d'après l'analyse qu'en a faite M. Damour, sur un échantillon rapporté par M. des Cloizeaux en 1845 : elle contient sur $1^{gr},28$ par litre $0^{gr},52$ d'acide silicique.

A Plombières, plusieurs sources, d'après l'analyse de M. Lefort, sont dans le même cas : sur $0^{gr},37$ de résidu fixe, la source Vauquelin contient $0^{gr},098$ d'acide silicique et seulement $0^{gr},076$ d'acide sulfurique : la source n° 5 de l'aqueduc du thalweg, où la proportion d'acide silicique sur $0^{gr},308$ de résidu est $0^{gr},078$, l'acide sulfurique étant seulement de $0^{gr},066$.

Quel que soit le mode de combinaison que l'on admette, il convient de placer de telles sources dans la catégorie qui nous occupe.

De même, la plupart des sources de Bagnères-de-Luchon, d'après les analyses de M. Garrigou, contiennent par litre, en acide silicique :

<table>
<tr><td></td><td>gr.</td></tr>
<tr><td>Source Bordeu, n° 3..............</td><td>0,072</td></tr>
<tr><td>Source Bosquet................</td><td>0,080</td></tr>
<tr><td>Source Bayen................</td><td>0,091</td></tr>
<tr><td>Source des Romains..............</td><td>0,093</td></tr>
</table>

Pour Ax, dans l'Ariège, d'après le même chimiste, la source du Bain-Fort contient sur $0^{gr},27$ de matières fixes $0^{gr},096$ de silicate de soude et seulement $0^{gr},07$ de sulfate de soude ; dans la source des Canons l'acide silicique est encore plus abondant et correspond à $0^{gr},11$ de silicate de soude. A Olette (Pyrénées-Orientales), M. Bouis a trouvé sur $0^{gr},459$ de résidu fixe $0^{gr},164$ de silice ; c'est le corps de beaucoup le plus abondant.

A Saint-Sauveur (Hautes-Pyrénées), la source de ce nom contient, d'après Filhol, $0^{gr},25$ de résidu fixe dont $0^{gr},07$ de silicate de soude et, en outre, des quantités dosables de silicates de chaux, de magnésie, d'alumine ; le chlorure de sodium forme $0^{gr},069$. Si l'on s'en rapporte aux analyses, on doit considérer également comme sources silicatées celles d'Amélie et de la Preste (Pyrénées-Orientales), de Langenbrucken (duché de Bade), de Porla (Suède), de Mala (Espagne). Dans le Turkestan russe, les sources d'Arassan, Boulak et de Bergati sont particulièrement caractérisées. La

première renferme, d'après les analyses citées par M. Mouchketoff [1], sur $0^{gr},204$ de substances fixes $0^{gr},15$ de silicate de
soude; la seconde, sur $0^{gr},37$ de matières dissoutes, a donné
$0^{gr},20$ du même sel.

Certaines sources déposent des silicates insolubles à
base de chaux (plombiérite à Plombières), d'alumine (Saint-
Honoré, Nièvre), de magnésie, de fer et d'autres bases.

La catégorie des sources silicatées, quelle que soit sa
valeur possible au point de vue thérapeutique, offre un véritable intérêt pour bien des faits géologiques.

TROISIÈME PARTIE

RÉACTION DES EAUX SOUTERRAINES SUR LES MATÉRIAUX QU'ELLES BAIGNENT

La réaction des eaux souterraines sur les matériaux qu'elles baignent donne lieu à la formation de combinaisons variées qu'il convient de mentionner, en distinguant celles qui se font : 1° aux dépens de roches naturelles ; 2° aux dépens de substances artificielles. Ces derniers cas sont même les plus intéressants, au point de vue de l'explication des phénomènes naturels.

CHAPITRE PREMIER

RÉACTION EXERCÉE SUR DES ROCHES NATURELLES

§ 1. — ALUNITE ET ALUN.

Les roches silicatées alumineuses soumises à l'action d'émanations aqueuses et sulfurées, surtout à température élevée, subissent une décomposition plus ou moins avancée; leur silice est éliminée, tandis que l'acide sulfurique provenant de l'oxydation de l'hydrogène sulfuré s'unit à l'alumine, à la potasse et à d'autres bases, et constitue ainsi des sulfates multiples.

La principale de ces combinaisons épigéniques est l'alunite, sulfate double d'alumine et de potasse. L'alun est beaucoup plus rare. Vulcano et Milo présentent des exemples de ces transformations.

§ 2. — GYPSE ET ANHYDRITE.

Quand le calcaire est baigné par des vapeurs aqueuses et sulfurées, il peut être attaqué et donner naissance à du gypse, sulfate de chaux hydraté, plus rarement à de l'anhydrite. C'est ce qui se voit en diverses localités de la Toscane, à Pereta et à Selvena, ainsi qu'aux abords des soffioni [1]. Ce mode de transformation a été particulièrement étudié aux îles Lipari par Hofmann, à Milo, en Islande notamment dans les solfatares de Krisuvik et de Reyjavik où, d'après M. Bunsen, du gypse prend actuellement naissance dans un tuf volcanique, changé en une argile bariolée ressemblant à celles du keuper.

Il n'est pas nécessaire d'une température élevée pour que cette réaction se produise ; elle se fait à la température ordinaire, à la faveur des corps poreux. C'est ainsi qu'à Aix-les-Bains, comme l'a montré Dumas [3], les parois calcaires de la grotte dite d'alun se recouvrent d'efflorescences gypseuses.

§ 3. — SULFATES DIVERS.

Les sulfures métalliques sont fréquemment oxydés sous l'influence des eaux souterraines, surtout lorsqu'elles arrivent aux abords de la surface du sol. C'est ce que montre dans une foule de localités la transformation de la pyrite de fer en sulfates.

Des sulfates résultent aussi de l'attaque de laves par l'acide sulfurique, par exemple à la solfatare de Pouzzoles, comme l'a montré Breislack.

[1] Coquand. *Bulletin de la Société géologique*, 2ᵉ série, t. VI, p. 91, 1849.
[2] Sauvage. *Annales des mines*, 4ᵉ série, t. X, p. 69.
[3] *Comptes rendus*, t. XXXVII, p. 257, 1846.

§ 4. — KAOLIN.

D'après M. Domeyko, aux environs de la solfatare de Chillan, au Chili, les eaux exercent une forte action sur le trachyte qu'elles traversent ; celui-ci, dépouillé de son alcali, se convertit en kaolin. Dans le même pays, dans la Cordillère de Coquimbo, M. Pissis cite les sources chaudes de la vallée del Toro qui attaquent la roche trachytique, en y creusant des cavités à la place des cristaux de feldspath.

A Saint-Paul, M. Velain a signalé la décomposition des roches volcaniques par les vapeurs acides et leur transformation en argiles.

§ 5. — CARBONATES.

Les eaux chargées d'acide carbonique, qui sont si fréquentes, attaquent souvent les roches silicatées qu'elles traversent.

Agissant sur les minéraux sulfurés des filons, les eaux carboniquées produisent des carbonates, tels que la céruse et la calamine. Elles déterminent aussi, indirectement, par une décomposition ultérieure du carbonate de fer, la formation de limonite.

[1] *Mission de Saint-Paul,* p. 599.

§ 6. — CHLORURES.

A la faveur du chlore qu'elle renferme, à l'état d'acide chlorhydrique, l'eau volcanique attaque les roches qu'elle rencontre et y forme des chlorures.

§ 7. — SILICE.

La décomposition des roches silicatées par des eaux volcaniques chargées d'acides sulfurique, chlorhydrique, carbonique ou autres, produit parfois la mise en liberté de l'acide silicique à l'état gélatineux ou à celui d'opale. C'est ce qui a lieu, d'après M. Velain, à l'île Saint-Paul, où les roches volcaniques décomposées abandonnent la silice ; on trouve dans ces roches toutes les variétés d'opale ; quelquefois aussi la tridymite et la calcédoine.

§ 8. — SILICATES

Les boues rejetées abondamment par d'assez nombreux volcans paraissent dériver de la décomposition des laves par les vapeurs complexes qui les imprègnent, comme on vient de le voir pour Saint-Paul. Les éruptions boueuses et souvent acides des grands volcans des Andes et de Java sont bien connues.

Par suite de leur teneur en acide silicique, certaines eaux ont formé, aux dépens de sulfures, des silicates hydratés, tels que la calamine et la chrysocolle.

OBSERVATION.

Les réactions que nous pouvons constater aux abords de la surface ne donnent sans doute qu'une faible idée de celles qui doivent se produire dans les régions profondes. Ce que l'expérience nous apprend de l'énergie minéralisatrice de l'eau suréchauffée amène à conclure nécessairement que dans les laboratoires souterrains, où se trouvent simultanément la haute température et la forte pression, il s'accomplit des actions chimiques intenses : sans doute le quartz s'isole et cristallise; des silicates anhydres se constituent; des combinaisons métalliques prennent naissance.

C'est d'ailleurs un sujet qui s'imposera particulièrement à nous, quand nous traiterons du rôle des eaux souterraines dans les périodes géologiques.

CHAPITRE II

Les eaux souterraines qui réagissent accidentellement sur des substances artificielles provoquent aussi la formation de nombreuses espèces. On le constate particulièrement dans les eaux minérales, en présence des matériaux réunis pour leur captage ou apportés dans leur bassin.

Pour mettre de l'ordre dans leur énumération, nous citerons d'abord les espèces produites aux dépens des matériaux pierreux, puis celles auxquelles ont collaboré des métaux libres.

§ 1. — SUBSTANCES PIERREUSES.

Zéolithes : chabasie, harmotôme, christianite, mésotype, apophyllite.

Des zéolithes cristallisées se produisent dans les maçonneries baignées depuis l'époque romaine par les eaux thermales de **Plombières** et d'autres localités. Telles sont la chabasie, l'harmotôme, la **christianite,** la mésotype et l'apophyllite. Ces espèces ne sont pas seulement identiques aux minéraux naturels par leur composition et leur forme cristalline ; elles se présentent aussi dans des boursouflures et cavités des briques et du béton, absolument comme les zéolithes dans les vacuoles des roches amygdaloïdes.

Leur production résulte de la collaboration des éléments contenus, les uns dans l'eau thermale, les autres dans la maçonnerie[1].

Plombiérite.

Du silicate de chaux hydraté (plombiérite) a été trouvé également à Plombières, à l'état gélatineux, dans les cavités situées à la partie inférieure de la couche de maçonnerie.

Opale.

L'opale mamelonnée, translucide et incolore, appartenant à la variété nommée *hyalite*, se rencontre à Plombières et parfois en abondance. Comme exemple, je citerai une fissure de la maçonnerie où cette substance se montre en nombreux mamelons[2].

Calcédoine.

Des pores de briques romaines à Plombières laissent voir au microscope de petits sphérolites fibreux et rayonnés,

[1] Voir pour plus de détails la *Géologie expérimentale*, p. 179 à 254.
[2] On peut voir *Géologie expérimentale*, p. 187, fig. 58.

agissant fortement sur la lumière polarisée et donnant la croix noire caractéristique de la calcédoine. C'est le premier exemple qui ait été cité de la formation contemporaine de silice anhydre à l'état cristallin ou de quartz.

Calcite et aragonite.

Dans les boursouflures des briques antiques, qui ont été soumises à l'action de l'eau minérale, à Plombières[1] et à Bourbonne, on rencontre çà et là du carbonate de chaux à l'état de calcite, c'est-à-dire cristallisé dans le système rhomboédrique. En outre, dans le dallage de Bourbonne, la calcite est en masses cristallines remplissant les cavités de la brique, et elle s'y présente comme dans beaucoup de roches amygdaloïdes[2]. Elle a aussi incrusté à Bourbonne du bois de hêtre, appartenant à des pilotis romains, et les a rendus extrêmement durs et lourds, car elle ne forme pas moins de 97 0/0 du poids total.

Dans les mêmes conditions, et souvent sur des points voisins, se présente la chaux carbonatée à l'état d'aragonite, qui à Plombières est en double pyramide à six pans, très aigus et rappelant particulièrement celle des gîtes de fer de Framont et de certains basaltes: c'est la variété nommée apotome par Haüy. Le plus souvent l'aragonite est en cristaux aciculaires, incolores ou d'un vert tendre, qui forment de petites houppes à l'intérieur des géodes.

[1] *Géologie expérimentale*, p. 104.
[2] Id., p. 96.

§ 2. — SUBSTANCES MÉTALLIQUES.

Les travaux de curage du puisard romain de Bourbonne ont fourni, il y a peu d'années, de nombreux et intéressants exemples de la formation contemporaine de minéraux métalliques [1].

Chalcosine, chalcopyrite, philippsite, tétraédrite.

Ces quatre espèces, si répandues dans les filons où l'on exploite le cuivre, se sont formées aux dépens du bronze des nombreuses monnaies jetées autrefois dans le bassin. Par leurs formes cristallines et par leur aspect, elles rappellent absolument les espèces naturelles.

Galène.

Des enduits de galène ont été trouvés dans des tuyaux de plomb.

Litharge, cérusite, phosgénite, anglésite.

Ces quatre espèces ont été également recueillies sur des conduites de plomb, enchâssées dans le béton romain et présentant des érosions profondes.

---

[1] Voir *Géologie expérimentale*, p. 72 à 119, et les figures qui y sont comprises.

Pyrite.

La pyrite a été rencontrée dans plusieurs tuyaux, en enduits autour de fragments de grès bigarré du sous-sol, et en globules d'un jaune de laiton, terminés par des faces cristallines, au milieu de la chaux d'un carrelage en brique, au-dessous d'un canal de conduite d'eau.

La formation actuelle de ce même minéral a été constatée dans beaucoup d'autres localités, telles que Aix-la-Chapelle, Burgbrohl, Bourbon-Lancy, Bourbon-l'Archambault, Saint-Nectaire, Hammam-Meskoutine, ainsi qu'à Portsmouth, sur le bois d'un yacht[1].

Atacamite, oxyde de cuivre, chrysocolle, carbonate de cuivre hydraté.

L'oxychlorure nommé atacamite, les deux oxydes de cuivre, cuprite et mélaconise, le silicate hydraté ou chrysocolle et le carbonate de cuivre hydraté sont du nombre des minéraux engendrés à la surface d'un tuyau de bronze et ailleurs.

Cassitérite.

Parmi les modifications qu'ont subies les médailles de bronze, dans les réactions auxquelles sont dus les nouveaux composés, il est une épigénie qui ne doit pas être passée sous silence. Tout en ayant perdu la netteté de son relief, la médaille a souvent conservé sa forme générale. Tandis que son

---

1. Voy. *Géologie expérimentale*, p. 86 et 94.

intérieur montre encore l'éclat et la couleur du bronze, sa partie externe se compose d'une couche blanche, d'apparence terreuse, que l'examen chimique a fait reconnaître comme consistant en oxyde d'étain, faiblement coloré en vert par des traces de sels cuivreux. Il s'est donc produit dans ces pièces un véritable départ, et en raison de la différence des affinités chimiques des métaux qui les composaient, le cuivre est entré dans les combinaisons sulfurées, tandis que l'étain s'y est refusé et a passé à l'état d'oxyde.

Sidérose.

A Bourbon-l'Archambault, la pyrite produite aux dépens d'une barre de fer était recouverte d'un enduit très mince de sidérose cristallisée.

Vivianite.

Elle forme des enduits adhérents sur des débris organisés tels que fragments de bois, ossements ou dents d'animaux.

Silicate de fer hydraté.

Un silicate de fer hydraté, analogue à la mélanosidérite, a été rencontré à Plombières. Une combinaison semblable a été trouvée dans un dépôt de Carlsbad. A Bourbonne-les-Bains, la limonite de formation actuelle coûte 3,50 pour 100 de silice combinée.

QUATRIÈME PARTIE

ORIGINE DES SUBSTANCES DISSOUTES DANS LES EAUX SOUTERRAINES

INTRODUCTION

Impureté des eaux d'infiltration adjacentes aux rivières.

La rapidité avec laquelle des eaux d'infiltration dissolvent dans leur trajet des substances diverses est particulièrement sensible dans les nappes d'eau d'infiltration adjacentes aux rivières. Le résidu de leur évaporation est en effet toujours plus abondant que celui des cours d'eau voisins et la proportion d'acide nitrique et d'ammoniaque peut y être très considérable.

En raison de sa situation superficielle, cette nappe est sujette à des causes particulières d'impureté, surtout à proximité des centres de population. Les causes qui contribuent à la vicier sont trop nombreuses et de nature trop variée pour être détaillées ici. Dans les villes où le sol est généralement protégé par un pavage compact, l'infiltration est moins facile que dans les villages, où l'on voit les eaux des fumiers pénétrer graduellement dans la nappe phréatique. Dans les villes, les agents d'infection sont proportionnellement plus nombreux. Les conduits d'égouts, les fosses d'ai-

sances ou les puisards, dont les parois ne sont pas complètement imperméables, sont des causes de corruption[1]. Il en
est de même des cimetières, dont les inhumations se font
dans la couche aquifère, des écuries, de certaines fabri-
ques, etc. Loin de s'étonner que les eaux des villes, situées
dans ces conditions, soient impures, il y a plutôt lieu d'être
surpris que, dans un sol dont la superficie est habitée depuis
des siècles, le gravier ne soit pas lui-même tellement chargé
d'impuretés que son eau cesse d'être potable.

Ainsi les puits de Strasbourg renfermaient, il y a trente ans,
une quantité de matières fixes comprise entre $0^{gr},282$ à $0^{gr},772$
par litre, et dans la plaine, à la station de Schelestadt et à
celle de Saverne, cette proportion était de $0^{gr},52$ à $0^{gr},71$. Les
sels de ces eaux consistent en chlorures, carbonates, sulfates,
phosphates, nitrates, et en matières organiques; souvent le
carbonate de chaux forme à peu près la moitié du poids
total des sels.

Or voici la proportion, par litre, des matières contenues
dans les rivières de la même région[2] :

Rhin.	0,17 à 0,25 gr.
Ill	0,10 à 0,18
Zorn, à Saverne, au sortir du grès des Vosges.	0,044
Zorn, à Brumath, après qu'elle a parcouru environ 30 kil. sur divers terrains. . . .	0,220
Sarre, à Sarrebourg.	0,054

A Bâle, les eaux des puits donnent lieu à des observations
analogues[3]. Tandis que les matières dissoutes dans l'eau du
Rhin et dans celles de la Birseg sont, en moyenne, en pro-

[1] Il existe encore dans bien des villes des fosses d'aisances que les propriétaires ne
font pas vider, parce que les matières fécales s'infiltrent dans le terrain voisin.
[2] Daubrée. *Description géologique du Bas-Rhin*, p. 352.
[3] *Revue de géologie*, t. VII, p. 285.

portion de $0^{gr},2$ à $0^{gr},3$ par litre, elles s'élèvent dans les puits de la Grande-Ville à des quantités variant de $0^{gr},5$ à $1^{gr},2$.

On a indiqué à Carlsruhe $0^{gr},32$, comme moyenne des eaux phréatiques.

De même à Bonn, les puits renferment en moyenne trois fois plus de matières salines que l'eau du Rhin[1].

Dans les puits de Dusseldorf, la proportion des matières fixes varie de $1^{gr},12$ à $0^{gr},78$, tandis que l'eau du Rhin en contient seulement, suivant les époques, $0^{gr},11$ à $0^{gr},30$, c'est-à-dire moyennement trois fois moins.

Pour un même puits, la proportion change d'ailleurs avec les saisons. Ainsi à Stuttgart elle a varié pour un même puits, d'après M. Fehling, de $0^{gr},31$ à $0^{gr},55$ suivant les sécheresses et les pluies.

D'après des analyses que l'on doit à M. Raimondi, l'auteur d'importantes études minéralogiques et géologiques sur le Pérou, les eaux phréatiques qui alimentent la ville de Lima contiennent $0^{gr},265$ par litre de matières fixes. Pour la ville d'Ancon, elle s'élève à $1^{gr},93$ dont $0^{gr},89$ de chlorure de sodium, $0^{gr},38$ de sulfate de soude et $0^{gr},37$ de sulfate de chaux.

Dans chaque ville, la composition de l'eau de puits très voisins présente de grandes différences, qui peuvent souvent s'expliquer. Ainsi, à Paris, cette eau est particulièrement impure dans les parties où le sol est formé de gravats et de décombres[2].

Roches solubles dans l'eau.

Parmi les roches qui constituent l'écorce terrestre, il en est un petit nombre qui sont bien connues comme solubles

[1] Blume. *Jahrbuch für Mineralogie*, p. 968, 1873.
[2] *Carte hydrologique* de Delesse.

dans l'eau. En première ligne se présente le sel gemme; puis le sulfate de chaux, à ses deux états de gypse et d'anhydrite.

La surface du sol trahit quelquefois ces dissolutions par des effondrements de forme circulaire, que l'on connaît dans bien des contrées à gypse et à sel gemme, lors même que les roches superposées à ceux-ci sont assez épaisses. Quand l'eau les envahit, elles portent le nom de *mares*, par

Fig. 9. — L'un des deux entonnoirs de Aïn Taiba, produit dans les couches crétacées par la dissolution souterraine d'amas gypseux. La mare circulaire, profonde de 7 mètres, a 80 mètres de diamètre et se trouve à 30 mètres au-dessous de la surface du sol. — D'après M. Roche.

exemple, dans Meurthe-et-Moselle et dans le Cheshire, où la cause en est rapportée avec certitude à la dissolution du sel gemme [1]. Des exemples du même fait ont été signalés par l'ingénieur des mines Roche [2], victime de son dévouement à la science dans la malheureuse mission Flatters. Non loin d'Ouargla, dans le grand Erg, se trouvent deux entonnoirs

[1] *Scientific Proceedings*. Dublin, t. III, p. 155.
[2] *Documents de la mission Flatters*, p. 195 et 215, 1884.

(fig. 9) qui ne sont certainement pas dus à la main de l'homme, selon toute probabilité, ce sont des effondrements occasionnés dans les couches crétacées par la dissolution de certaines masses de gypse, que les eaux souterraines ont opérée.

Roches réputées insolubles.

Il est d'ailleurs d'autres roches qui passent pour insolubles, parce que leur solubilité est excessivement faible. Tel est le carbonate de chaux.

Mais si la solubilité du carbonate de chaux est très faible dans l'eau pure, elle devient au contraire fort notable dans l'eau pourvue d'acide carbonique et elle a lieu en proportion d'autant plus grande que cet acide est plus abondant.

La dissolution du carbonate de chaux par l'acide carbonique a été étudiée d'une manière approfondie par M. Schlœsing[1]. Nous nous bornons à dire que l'eau pure dissout, à la température de 16°, à la pression de 760 millimètres, par litre :

	gr.
Carbonate neutre de chaux.	0,015
Acide carbonique.	1,948

Il est à ajouter que l'atmosphère renferme en moyenne $0^{gr},0005$ de son poids d'acide carbonique, grâce auquel l'eau de pluie devient apte à dissoudre du carbonate de chaux et d'autres substances.

D'ailleurs, avant de s'infiltrer, l'eau traverse la terre végétale, dont l'atmosphère confinée contient à peu près 1 p. 100

[1] *Comptes rendus*, t. LXXV, 1872.

en poids d'acide carbonique : la dissolution qui en résulte doit donc, entre autres substances minérales, contenir environ $0^{gr},11$ de chaux combinée à l'acide carbonique.

Le carbonate de magnésie, la dolomie, le carbonate de fer, également très répandus, se comportent comme le carbonate de chaux [1].

Roches renfermant des particules indiscernables de corps solubles.

Très fréquemment des roches insolubles par elles-mêmes fournissent des matières solubles aux eaux qui les traversent et les lavent, à cause des particules indiscernables qui leur sont intimement associées. C'est ainsi que des masses cristallines, comme le granite, contiennent ordinairement de faibles quantités de chlorure de sodium.

De même des terrains variés, spécialement les roches stratifiées, renferment souvent des sulfates, à l'état de mélange intime.

Roches cristallines imprégnées de carbonates, attaquables à la faveur de l'acide carbonique des eaux.

Enfin il n'est pas rare que des roches cristallines abandonnent des carbonates aux eaux qui s'y infiltrent et qui renferment toujours, comme on sait, de l'acide carbonique. Il y a longtemps que M. Boussingault a signalé l'effervescence que les acides produisent sur les trachytes des Andes de la Colombie.

[1] Pour les solubilités, voir Bischof, *Lehrbuch der Geologie.*

Roches dont la décomposition produit des substances solubles.

Il est enfin des cas où une roche incontestablement insoluble devient le siège de décompositions qui fournissent aux eaux souterraines des substances solubles : telles sont les roches pyriteuses.

Possibilité d'une plus grande activité dissolvante communiquée à l'eau par les substances qu'elles tiennent en dissolution.

Maints exemples apprennent que bien des sels insolubles dans l'eau pure se dissolvent à la faveur d'autres sels. Ce cas se réalise fréquemment dans la nature.

La composition de l'eau des puits de Grenelle et de Passy où l'on retrouve, par exemple, du carbonate de potasse en abondance, paraît attester l'attaque qu'ont subie les sables glauconifères du gault, de la part des eaux jaillissantes, durant leur long trajet souterrain, attaque qu'a pu favoriser la température élevée de la nappe profonde. Voici la composition de l'eau du puits de Grenelle, d'après M. Peligot.

	gr.
Carbonate de chaux.	0,0579
Carbonate de magnésie.	0,0163
Carbonate de potasse.	0,0205
Carbonate de protoxyde de fer.	0,0031
Sulfate de soude..	0,0031
Hyposulfite de soude..	0,0161
Chlorure de sodium.	0,0091
Silice.	0,0099
	0,1420

Ces résultats sont d'accord avec ceux que Payen a publiés
en 1841.

Si, d'une part, la nature des roches fait comprendre la
composition des eaux, celles-ci, dans bien des cas, peuvent
faire pressentir sur quelles roches profondes les eaux ont
circulé.

CHAPITRE UNIQUE

PRINCIPALES NOTIONS ACQUISES SUR L'ORIGINE DES SUBSTANCES DISSOUTES DANS LES EAUX SOUTERRAINES OU DÉPOSÉES CHIMIQUEMENT PAR ELLES.

§ 1. — OXYGÈNE, AZOTE ET LEURS MÉLANGES.

L'hypothèse la plus simple pour expliquer l'origine de ces gaz, quand ils sont en dissolution dans les sources, est de supposer qu'ils proviennent de l'atmosphère.

Leur proportion relative s'est en général modifiée, au point que parfois l'azote existe seul, comme dans les sources sulfurées sodiques. A l'inverse, la solubilité inégale de l'oxygène et de l'azote est cause que parfois le mélange gazeux dissous est plus riche en oxygène que l'air atmosphérique.

La présence de ces gaz dans les vapeurs volcaniques peut se rattacher à un tirage souterrain.

§ 2. — HYDROGÈNE.

La décomposition de l'eau par des corps oxydables et
sa dissociation à haute température sont les causes auxquelles il paraît le plus naturel d'attribuer l'origine de l'hydrogène dans les eaux thermales et volcaniques. Pour ces
dernières, il peut aussi dériver quelquefois de l'acide chlorhydrique qui aurait été décomposé par des métaux.

§ 3. — AMMONIAQUE.

A part l'ammoniaque qui dérive de la surface, il peut en
provenir de roches chargées de principes organiques, telles
que le calcaire, les marnes bitumineuses ou la limonite,
substances dans lesquelles l'analyse trouve toujours de l'ammoniaque. Si l'eau de mer contribue, par son infiltration,
aux phénomènes des volcans, elle pourrait apporter l'ammoniaque aux eaux qui s'en exhalent. L'origine de l'ammoniaque a d'ailleurs été attribuée, dans certains cas, à la
distillation subie par la végétation superficielle, sur laquelle
s'étalent les courants de lave incandescente.

§ 4. — ACIDE AZOTIQUE.

De même que l'ammoniaque, l'atmosphère fournit de
l'acide azotique aux eaux souterraines, qui d'ailleurs en

prennent à la terre végétale et parfois à des couches chargées de matières organiques. D'après les expériences de M. Carnot, les eaux qui découlent de drains posés sous le sol des cimetières de Paris et placés à 1^m,60 de profondeur contiennent des azotates en quantité très notable, qui contraste avec la rareté de l'ammoniaque et des sels ammoniacaux. Ce sont des faits analogues à ceux qui ont été observés dans la plaine de Gennevilliers, près Paris, et à Merthyr Tydwill, pays de Galles.

§ 5. — ACIDE SULFHYDRIQUE.

La présence de l'hydrogène sulfuré dans les eaux souterraines, notamment dans celles qui sont qualifiées de sulfureuses et de sulfhydriquées, est généralement attribuée à la décomposition de sulfures solubles. Cette décomposition suppose fréquemment l'intervention de l'acide carbonique.

§ 6. — ACIDE SULFUREUX ET ACIDE SULFURIQUE.

La combustion de l'hydrogène sulfuré en présence de l'oxygène de l'atmosphère donne naissance à de l'acide sulfureux et à de l'acide sulfurique, ainsi qu'on l'a vu plus haut. Une transformation semblable a lieu à proximité des orifices volcaniques, dans les pores des roches qui passent à l'état de sulfates, alunite, gypse, etc.

M. Boussingault a admis pour les eaux sulfuriquées, c'est-à-dire chargées d'acide sulfurique libre, telles que celles des Andes et de Java, une origine toute différente. Des expériences de laboratoire lui ont montré, en effet, que la vapeur d'eau, en agissant entre 700 et 900 degrés sur des sulfates, en contact avec une roche riche en silice, telle que le trachyte, développent de l'acide sulfurique, dont une partie peut être entraînée par le courant gazeux[1].

§ 7. — SULFURES ET SOUFRE.

La facilité avec laquelle les sulfates solubles, si abondamment répandus dans la nature, se transforment en sulfures, sous l'influence de matières organiques qui s'oxydent à leurs dépens, rend compte de réactions qui donnent naissance aux sulfures de beaucoup d'eaux dites sulfureuses.

Parmi les exemples de réduction de sulfate, il en est que nous avons sans cesse sous les yeux et sur lesquels M. Chevreul a depuis longtemps appelé l'attention. C'est par des actions de ce genre que le sulfate de chaux, à la suite de sa réduction en sulfure, donne naissance à du soufre natif et que le métal des tuyaux de conduite se transforme partiellement en sulfure de fer.

Beaucoup de faits démontrent la formation de sulfures, aux dépens de sulfates, sous l'influence de matières organiques qui s'oxydent. Nous allons en citer quelques exemples.

On sait que la vase des ports de mer dégage souvent de l'hydrogène sulfuré. L'eau des fossés dans lesquels s'écoulent les sources sulfatées du groupe de Contrexéville (Vosges) est chargée de sulfure de fer et de sulfure de calcium, dont la production résulte probablement de certaines con-

[1] Boussingault. Mémoire précité.

ferves, lesquelles dégagent en même temps de l'acide carbonique.

Des troncs d'arbres maintenant submergés, qui témoignent de l'existence d'une ancienne forêt aux environs de Cherbourg, sont imprégnés de sulfure de fer.

Les eaux caractérisées par la présence du sulfure de calcium sont très fréquemment associées, d'une part à du gypse, d'autre part à des matières charbonneuses.

Les sources d'Enghien[1], près de Paris, peuvent servir de type à cette catégorie. Elles sont alimentées par une nappe souterraine qui vient affleurer près du bord occidental du lac. En général, elles jaillissent au contact du calcaire lacustre de Saint-Ouen, trouvé en place par divers sondages, et d'une couche, d'épaisseur variable, de marnes et de sables remaniés à l'époque quaternaire et provenant de la démolition par les eaux des coteaux voisins. Ces marnes contiennent beaucoup de sulfate de chaux et des amas de matières organiques d'origine végétale, irrégulièrement disséminés. On explique le grand nombre de ces sources minérales, dont l'une a été reconnue dans le lac en 1860, et l'abondance de leurs eaux, par l'existence d'une nappe ascendante douce, que laissent passer les sables et grès de Beauchamp et qui alimentent, dans Paris même, la source analogue de Belleville. Il en existe de semblables à Livry (Seine-et-Oise) et à Thieux (Seine-et-Marne), où elles ont été découvertes dans un sondage fait pour la construction du chemin de fer à $5^m,50$ de profondeur, à Saint-Gratien, à Compains et à Cernay (Seine-et-Marne). On s'explique comment le forage de puits artésiens a provoqué, à diverses reprises, dans cette région, des dégagements abondants d'acide sulfhydrique.

Sauvage. *Annales des mines*, 7ª série, t. XVIII, p. 102, 1880.

Des couches asphaltiques du département du Gard, il sort deux groupes de sources remarquables par la présence de sulfures et dont quelques-unes sont utilisées depuis l'époque romaine; l'un d'eux, près d'Auzon, au hameau des Fumades; le second, près d'Euzet ou Yeuzet. Ces dernières apportent, en outre, une quantité très sensible de matières bitumineuses [1]. Ces diverses sources sortent de couches tertiaires lacustres.

Il en est de même dans le département du Vaucluse pour les sources de Velleron et de Montmirail, près Vacqueyras.

Peut-être est-ce à des circonstances analogues qu'est dû le sulfure de calcium de diverses eaux thermales de la région des Pyrénées, telles que Saint-Boës et Cambo.

Dans les mines de lignite de Manosque (Basses-Alpes), les eaux d'infiltration deviennent souvent extrêmement sulfureuses. Cet effet se produit au voisinage des bancs de gypse, immédiatement inférieurs au terrain à lignite, et particulièrement près du système des couches de combustible dites grasses. Toute la stratification est redressée verticalement et le gypse se trouve à 60 mètres seulement du lignite, qui est lui-même chargé de lamelles de sulfate de chaux. Le dégagement d'hydrogène sulfuré qui en résulte est parfois si abondant que, malgré l'activité de l'aérage, il occasionne aux ouvriers des maux d'yeux très douloureux.

Dans l'Indiana, à Reelsville (fig. 10), un puits artésien a donné naissance à un épanchement très abondant d'eau sulfureuse qui a jailli à 10 mètres au-dessus du sol. D'une part, les couches renferment du sulfate de chaux, en même temps que du chlorure de sodium; d'autre part, les schistes dits de Marcellus, que l'on rencontre dans cette localité, ainsi qu'à Lodi, sont assez chargés de bitume pour brûler

---

[1] Parran. *Annales des mines*, 5e série, t. IV, p. 342.

avec flamme sur un foyer et ils contiennent d'ailleurs du pétrole.

Quant à l'origine du sulfure de sodium dans les sources thermales, on a recours pour l'expliquer à des hypothèses différentes et plus compliquées. M. Ossian Henry a pensé

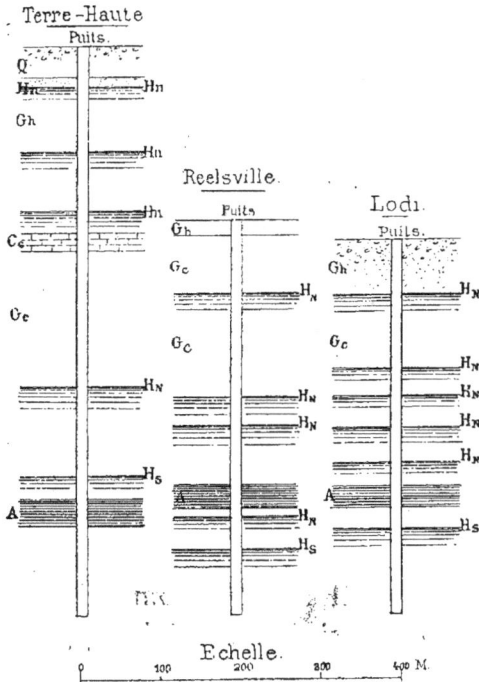

Fig. 10. — Nappes d'eaux sulfureuses et d'eaux salées rencontrées dans l'Indiana, par des puits forés, à travers des couches carbonifères et dévoniennes. A, argile schisteuse appartenant aux schistes de Marcellus; G_e, grès dits subcarbonifères; C_c, calcaires dits subcarbonifères; G_h, grès houiller et millstonegrit; Q, diluvium; H_s, nappes d'eaux sulfureuses; H_n, nappes d'eau salées occupant divers niveaux et avec des degrés différents. — D'après M. E. T. Cox.

que ces eaux empruntent leur monosulfure à des terrains qui renferment des bancs de houille et de sulfate de soude. Cette opinion, conforme à une ancienne idée émise par Bayen, a été adoptée par Filhol, quoique beaucoup d'entre elles sortent du granite. D'après M. Fremy, le sulfure de carbone qui serait dans la profondeur décomposerait les silicates alcalins et terreux, de manière à produire du sulfure de silicium, et secondairement de l'acide sulfhydrique et de la silice soluble. Durocher trouve plus simple d'admettre l'existence de gîtes profonds de sulfure de sodium.

Il se dépose autour de l'orifice de sortie des sources des substances composées de carbone, d'oxygène, d'hydrogène et plus souvent d'azote, quelquefois de soufre et d'autres principes minéraux. Les plus intéressantes d'entre elles ont été, à la suite d'études attentives, rangées parmi les corps organisés : la barégine et la glairine sont des algues que M. Fontan a le premier désignées sous le nom de *sulfuraires* et qui, d'après MM. Kutzing et Montagne, appartiennent à une espèce de conferve, le *Leptomites sulfuraria*.

Lors du percement du tunnel du Saint-Gothard, dans la région de la serpentine et surtout entre les profils 5250 et 5260 (voir tome I, fig. 1, p. 10), d'après M. Stapff, des eaux, à la température de 26°,5 centigrades, déposaient sur les parois de la galerie une matière visqueuse et transparente qui, d'après l'étude microscopique, se composait de bactéries renfermant du soufre.

Quant au soufre, il est bien connu dans le bassin de diverses sources; ainsi à Aix et à Luchon il se dépose à l'état cristallin dans les conduites où circule l'eau minérale, après avoir produit le louchissement bien connu dans ces deux localités. Ce soufre résulte de la décomposition de l'hydrogène sulfuré, lié sans doute lui-même à la décomposition du sulfure de sodium.

De même dans la partie méridionale du percement du Saint-Gothard, la plupart des eaux qui y affluaient exhalaient de l'hydrogène sulfuré et déposaient, d'après M. Stapff, des pellicules de soufre pulvérulent.

C'est par une réaction du même genre qu'à une température plus élevée, le soufre se dépose dans les solfatares, comme on l'a vu plus haut.

§ 8. — SULFATES.

La présence fréquente du sulfate de chaux dans les roches, et particulièrement dans les terrains stratifiés, où il est tantôt en amas lenticulaires, tantôt en particules indiscernables, explique l'existence de ce même sulfate dans de nombreuses sources, que l'on qualifie alors de séléniteuses.

Dès ses premières études sur les eaux potables du bassin de la Seine, Belgrand avait été frappé d'y voir apparaître le sulfate de chaux, aussitôt qu'on passe des terrains de la craie aux terrains tertiaires. Or on sait que le même sel est particulièrement fréquent dans ces derniers, même dans les parties où les marnes ne renferment le gypse qu'à l'état de mélange invisible. Ainsi les sources qui jaillissent au-dessus des marnes vertes, à la base des meulières de Brie, sont très nombreuses dans la partie gypsifère comprise entre Meulan et Château-Thierry. Elles sont à la fois les plus importantes et les plus mauvaises du bassin de Paris. Renfermant beaucoup de sulfate de chaux, jusqu'à 2 grammes par litre, elles sont impropres à tout usage domestique. Cependant c'est à elles que les splendides châteaux de Ferrières, Vaux, Petit-Bourg, Saint-Germain et tous les charmants villages de Ville-d'Avray, Meudon, Bellevue, Louveciennes, Feuillancourt, Montmorency, Brunoy, Ris, Evry, Petit-Brie, etc., doivent leurs beaux ombrages et leurs pièces d'eau [1].

Les couches du même bassin, comprises entre l'argile

---

[1] Belgrand. *Comptes rendus*, t. LXXVI, p. 613.

plastique et les marnes vertes, donnent également beaucoup de sources : Tardinois, Soissonnais, Valois, Senlissois, Vexin de la Brie, vallée de la Brie. Là aussi, les sources qui jaillissent dans la région à gypse comprise entre Meulan et Château-Thierry contiennent beaucoup de sulfate de chaux. Les autres, situées en dehors de cette région, se troublent à peine par le chlorure de baryum et ne renferment pas plus de $0^{gr},01$ de sulfate de chaux par litre.

Dans les sources minérales de Contrexéville, Vittel et Martigny[1], la présence du sulfate de chaux, ainsi que celle des sulfates de magnésie et de soude qui l'accompagnent, se rattachent aux couches triasiques ; sur ces sources, au nombre de seize, quatre se rencontrent dans la région inférieure des marnes irisées ; trois vers le haut du muschelkalk supérieur ; une dans le muschelkalk inférieur ; on n'en trouve pas une seule dans le grès bigarré. Le muschelkalk renferme à sa base des grès dolomitiques (3 à 4 mètres), puis des marnes bigarrées avec bancs de gypse (5 à 6 mètres) formant la partie inférieure des marnes compactes et imperméables qui constituent le muschelkalk inférieur. Les assises gypseuses et dolomitiques de cette zone contiennent en abondance les sulfates, carbonates et autres sels, que l'analyse constate dans les sources minérales dont il s'agit.

Si l'on se reporte aux coupes qui seront données plus loin dans le chapitre IV, on verra que les sources sulfatées de Baden en Argovie et de Schinznach jaillissent des marnes keupériennes, qui en contiennent les sels caractéristiques.

Parmi les eaux minéralisées par le sulfate de chaux, on peut encore citer celles de Dax, qui paraissent se trouver, ainsi que le sulfate de magnésie et le sulfate de soude, dans les marnes bariolées et salifères qu'elles traversent.

[1] Braconnier. *Société d'émulation des Vosges*, 1883.

Du sulfate de soude se rencontre parfois aussi dans le sous-sol.

Souvent il est mélangé au sel gemme, au gypse et à l'anhydrite, qui l'accompagnent, par exemple aux environs de Vacqueyras (Vaucluse), ainsi que dans les Alpes Bavaroises et Autrichiennes.

Le sulfate double de soude et de chaux, désigné sous les noms de glaubérite et de polyhalite, a été rencontré en couches continues au-dessus du sel gemme à Dieuze, Varangéville et autres localités du département de Meurthe-et-Moselle. Ce sulfate est particulièrement abondant dans les couches marneuses avec gypse de la Navarre et de la Nouvelle-Castille, par exemple à Lodosa. De là la présence de ce même sel dans des sources de ces divers pays.

Le procédé par lequel les eaux peuvent se charger de sulfate de soude est mis en évidence par la manière dont on fabrique, avec le gypse de Müllingen, près Birmenstorf (canton d'Argovie), une eau artificielle de composition analogue. Cette pratique consiste à lessiver du gypse, remarquable par sa teneur en sulfate de soude[1].

Du sulfate de magnésie est quelquefois aussi mélangé dans la nature au sulfate de chaux. Il est même des cas où il se trahit par des veines et des efflorescences. Aux environs de Birmenstorf, où nous venons de citer la présence de sulfate de soude, on voit, dans certaines couches, le sulfate de magnésie prédominer. Ces deux sels sont même exploités en lessivant le gypse concassé. Le professeur Bolley a extrait de 1000 parties d'eau :

	Müllingen.	Birmenstorf.
Sulfate de soude.	32,4	7,00
Sulfate de magnésie.	1,5	22,00
Sulfate de chaux (gypse)	1,4	1,3
	35,3	30,3

[1] Studer. *Geologie der Schweitz*, t. II, p. 229.

II — 7

D'après cela le sulfate de soude est au sulfate de magnésie dans le rapport de :

Müllingen 2,6:1, Birmenstorf 1:3,1.

Cette différence pour des points très voisins et apparte-nant à un même étage, le keuper, est à noter ; elle explique les différences qu'on observe très souvent entre des sources minérales d'un même groupe.

De même, à Montmirail (Vaucluse), où l'on a mentionné plus haut une source sulfatée magnésienne, il existe sur la berge gauche du Rhône des masses tertiaires miocènes avec gypse, qui sur ce point sont riches en sulfate de magnésie.

Les eaux purgatives si connues de Seidschütz, de Sedlitz et de Püllna, en Bohême, qui sont caractérisées principale-ment par la forte proportion de sulfate de magnésie, chaux, soude et potasse (11 grammes par litre) qu'elles renferment, sortent d'une marne tertiaire ayant 6 à 7 mètres d'épaisseur. D'après sa composition, cette marne paraît principalement formée de produits de la décomposition du basalte, dont des fragments s'y rencontrent fréquemment. Sa nature chi-mique rend compte à priori de celle de l'eau minérale qui en sort[1]. Struve ayant reconnu, il y a longtemps, les liens qui rattachent cette marne à l'eau minérale, a mis à profit son observation pour fabriquer une eau semblable, par le lessivage de la roche. Son idée a reçu une confirmation nou-velle, depuis que Berzelius a reconnu dans l'eau de Seid-schütz des traces de cuivre et d'étain, qu'il avait antérieure-ment découverts dans beaucoup d'échantillons de péridot, minéral habituel dans les basaltes.

La serpentine peut dans certains cas fournir de la ma-gnésie aux eaux ; tel est le cas, d'après M. Egleston, en Cali-fornie, où le sulfate de magnésie abonde dans des sources, à

---

[1] Em. Reuss. *Ungebung von Teplitz*, p. 161.

proximité de cette roche, ainsi que des mines de mercure qui sont en relation avec elle.

Il est naturel de rapprocher de cette observation l'abondance du sulfate de magnésie, signalé dans les eaux des lagoni de Travale en Toscane, comme on l'a vu plus haut.

Il convient d'ajouter que le sulfate de magnésie peut ne pas préexister dans les roches lessivées, mais résulter, comme l'a vu Mitscherlich, d'une double décomposition du sulfate de chaux par le carbonate de magnésie ou la dolomie.

Comme exemple de sulfates divers formés par double décomposition, il serait facile de citer de nombreux exemples, où ils sont produits par l'oxydation de pyrite et par la réaction subséquente de l'acide sulfurique sur les roches voisines. Cette origine est manifeste pour les substances très complexes qui affluent dans les ardoisières des environs d'Angers, ainsi que dans les mines d'anthracite de la Mayenne, d'après les analyses de Le Chatelier [1].

Les mêmes faits se montrent, d'après Sauvage, dans le terrain ancien des Ardennes, en des points où l'ardoise est imprégnée de pyrite.

On les observe à chaque instant dans les galeries de nombreuses mines de houille et de lignite. Ainsi les eaux de Liège qui pénètrent dans le terrain houiller rencontrent de la pyrite et dissolvent du sulfate de fer qui, en réagissant sur le calcaire, se change en sulfate de chaux; aussi toutes les eaux sortant du terrain houiller présentent-elles cette dernière substance. De même, dans les houillères embrasées de l'Aveyron, se forment les sulfates caractéristiques des eaux de Cransac.

M. Scacchi a constaté que du sulfate de chaux et de l'alun sont parfois déposés, au Vésuve, en croûtes abondantes, sur

---

[1] *Annales des mines*, 3e série, t. XX, p. 575, 1841.

des lapilli où ces sels paraissent transportés mécaniquement par de la vapeur d'eau [1].

§ 9. — ACIDE CHLORHYDRIQUE.

L'origine de l'acide chlorhydrique libre qui accompagne
fréquemment l'eau volcanique, par exemple au Vésuve, a
été expliquée expérimentalement par Gay-Lussac. La réaction mutuelle du chlorure de sodium et de l'eau, en présence de la silice ou de silicates, donne lieu en effet à un
dégagement d'acide chlorhydrique. Le trachyte poreux du
Puy de Sarcouy (Puy-de-Dôme) renferme encore de l'acide
chlorhydrique, dont la proportion a été trouvée de 0,00055
en poids par Vauquelin. Comme l'a montré M. Boussingault,
la même explication convient aux volumineuses sources volcaniques des Andes, si riches en acide chlorhydrique.

§ 10. — CHLORURES.

La diffusion du chlorure de sodium dans les roches de
toutes les catégories, depuis les bancs de sel gemme et les
roches sédimentaires en général jusqu'aux masses cristallines et au granite, rend facilement compte, dans un grand
nombre de cas, de la minéralisation des eaux chlorurées.
C'est ainsi que la plupart des eaux potables renferment du
chlorure de sodium.

En ce qui concerne les terrains stratifiés, les sources
salées sont beaucoup plus nombreuses que les amas de sel

---

[1] Scacchi. *Annales des mines*, 4ᵉ série, t. XVII, p. 347.

gemme qui y sont connus. Beaucoup de sources, en effet, peuvent s'y rencontrer, soit que les gîtes qui y existeraient n'aient pas encore été atteints, soit que cette dernière substance n'y soit pas apparente, se trouvant disséminée dans les roches à l'état de particules indiscernables. Ces sources salées contiennent, en général, à part le chlorure de sodium, les chlorures de calcium et de magnésium, quelquefois le chlorure de potassium.

Ce n'est que dans ce siècle que l'on a appliqué l'idée si simple que ces eaux devaient indiquer des gisements de sel en roche. En 1816, cette prévision fut réalisée en Wurtemberg; en 1819, dans l'ancien département de la Meurthe, aux environs de Vic, et, peu de temps après, à Dieuze. Dans une région du département de Meurthe-et-Moselle qui avoisine ces deux localités et qui est devenue aujourd'hui le principal centre de la production du sel, dans la vallée du Sanon, l'un des affluents de la Meurthe, à Rozières-aux-Salines, un sondage ouvert en 1852 a trouvé le sel gemme [1].

Cependant la pensée de trouver du sel en Lorraine paraît ancienne; car il résulte d'un ancien manuscrit dont l'authenticité paraît certaine, qu'un nommé Jean Poiret vint, en 1289, offrir à Gérard, évêque de Metz, de lui découvrir de grands amas de sel gemme, dans le voisinage de ses salines. En 1762, Guettard attira l'attention de l'Académie des sciences, sur la possibilité de rencontrer du sel gemme dans les glaises bigarrées des environs de Château-Salins. Cette idée fut reproduite par Monnet, dans sa *Description minéralogique de la France*, publiée en 1780.

Toutefois, pendant bien des siècles et dans beaucoup de régions, on n'a utilisé pour l'extraction que les eaux salées, sortant spontanément du sol. Ainsi, en Lorraine, de nom-

[1] En 1824, le sel était découvert de la même manière à Bex, canton de Vaud.

breuses sources salées ont été exploitées dans l'antiquité. A Marsal, par exemple, la présence de singulières poteries fabriquées par la cuisson de pelotes d'argile, pressées dans la main et destinées à remblayer un marais, atteste la grandeur des travaux dont les sources salées étaient quelquefois l'objet. Les sources de Moyenvic et de Rozières-aux-Salines ont été aussi exploitées anciennement. Les noms de nombreuses localités, comme on l'a vu plus haut, témoignent de l'attention que, dès une époque très reculée, on accorda aux sources salées dans cette contrée, ainsi que dans beaucoup d'autres.

L'origine de la minéralisation des sources salées qui sortent de couches contenant du sel gemme et leur lien de parenté avec cette roche soluble est d'autant plus évident que le résidu de leur évaporation en reproduit, en général, la composition chimique qualitative. On en trouve également la preuve dans les forages et puits artificiels qui se sont souvent substitués aujourd'hui aux sources salées naturelles, et qui ramènent à la surface des eaux que l'on a envoyées dans la profondeur pour se saturer de sel.

Le mode d'inclinaison des couches et les cassures qui les traversent rendent compte de l'origine des sources salées naturelles, telles que celles de Rozières-aux-Salines. En Lorraine, le principal niveau salifère appartient au keuper; cependant il en est aussi qui sortent de la base du muschel-kalk, c'est-à-dire au niveau qui alimente les principales exploitations du Wurtemberg. Tel est le cas pour les sources salées de Rilchingen près de Sarreguemines et de Sierk ou Basse-Kontz (Lorraine allemande).

Dans le Jura, les sources salées, qui y sont nombreuses, sortent également du trias et dans des conditions semblables. Celles de Montmorot étaient déjà exploitées par les Romains, et celles de Salins également connues depuis un temps immémorial. Ces dernières jaillissent au fond de la vallée de la Furieuse, dont les parois sont constituées par l'oolithe inférieure et le lias, et dont le fond correspond à un bombement, faisant affleurer les marnes irisées avec bancs de sel gemme, ainsi que des sondages l'ont récemment reconnu.

La prédominance du chlorure de sodium dans les sources thermales de Bourbonne-les-Bains, de Luxeuil, de Bains et de Fontaine-Chaude se rattache très probablement à la présence des couches triasiques en chacune de ces localités.

Dans les Alpes françaises, la plupart des sources contenant du chlorure de sodium paraissent aussi provenir du terrain triasique. Telles sont celles de Salins, Gréoulx[1], Digne (Basses-Alpes), Uriage (Isère).

Quelquefois des eaux salées sortent des couches permiennes qui sont çà et là salifères. C'est probablement le cas pour les eaux que le puits artésien de Rochefort a atteintes, au-dessous du trias et au delà de 852 mètres de profondeur.

Les couches paléozoïques sont souvent salifères aux États-Unis. Ainsi, dans l'Indiana, des sondages ont fait reconnaître dans le terrain houiller plusieurs horizons d'eau salée. Les sondages de Reelsville (page 93) en ont rencontré quatre, dont l'un jaillit à 6 mètres au-dessus du sol. Dans le Kentucky, la grande formation de grès, située à la base du terrain houiller, qui est de l'âge du millstonegritt, fournit de l'eau si chargée de sel qu'elle est exploitable. Il en est de même pour un étage de grès situé à un niveau inférieur et considéré comme étant de l'âge des *calciferous sandrocks* et des grès dits de Potsdam, de l'État de New-York.

Des terrains tertiaires, qui sont riches en sel gemme, dans bien des régions, en Italie, en Sicile, dans certaines parties de l'Espagne, en Pologne, en Galicie, en Hongrie, en Tran-

---

[1] Comme l'a montré M. Dieulafait.

sylvanie, en Asie Mineure, en Arménie, en Perse, ainsi qu'en Algérie[1], fournissent également des sources salées.

Dans les Pyrénées et dans les régions voisines du département des Landes (Chalosse), il existe des sources salées naturelles, ainsi que des puits salés, creusés de main d'homme; par exemple à Salies, Caresse, Pouillon, Urcuit et Briscous (Basses-Pyrénées). Ces sources jaillissent en général à proximité des glaises bigarrées gypseuses, souvent salées, où le sel gemme a été découvert dans plusieurs localités, telles que Villefranque, Oraas et Dax. Beaucoup d'entre elles sont à proximité de pointements d'ophite. On connaît, dans les communes de Pouillon et de Minbaste, deux sources salées naturelles, dont l'une est la célèbre fontaine de Biras, employée dans le pays pour usages thérapeutiques; l'autre, dite de Linot, est placée à proximité du massif d'ophite du cap de Montpeyrous, qui se rattache à celui du Pouy d'Arzet : elles sont associées à des dolomies et à des glaises bigarrées, semblables à celles qui avaient conduit à rechercher le sel gemme à Dax et à Saint-Pandelon près Dax, ainsi qu'à Briscous (Basses-Pyrénées). Tous ces indices ont conduit à rechercher le sel gemme à proximité des sources, et deux forages l'ont rencontré, en 1880, à la profondeur de 267 mètres.

Sur le chemin de Salies (Haute-Garonne) à Saint-Martory, tout près du premier village, se trouve une source fortement salée qui jaillit au pied d'un pointement d'ophite; elle renferme 34 grammes de matières fixes, dont 30 grammes de chlorure de sodium et 3^{gr},37 de sulfate de chaux. Ces eaux, dont les habitants utilisent la salure pour les usages domestiques, la doivent sans doute à la présence de sel gemme qui avoisine l'ophite. (Voir t. I, p. 278 et la figure 138.)

De même, la source salée de Salies de Béarn (Basses-Pyré-

---

[1] Coquand. *Bulletin de la Société géologique*, 2e série, t. XXV, p. 431.

nées), exploitée depuis un temps immémorial, est, comme beaucoup d'autres sources de même nature dans cette région du sud-ouest, en relation avec des roches ophitiques, qui se montrent à moins de 2 kilomètres au sud. D'ailleurs, vers l'entrée de Salies et au nord de la source salée, des glaises bigarrées gypseuses ont été mises à découvert par la construction d'un puits, de telle sorte que tout indique que le terrain salifère existe dans la profondeur; les coteaux du voisinage appartiennent au terrain crétacé. La source de Salies est peu distante d'autres sources salées situées à l'ouest, avec lesquelles elle s'aligne, suivant une direction parallèle à la chaîne des Pyrénées. Dans le voisinage de ces dernières sources il existe également des roches d'ophite, du gypse et des glaises bigarrées [1].

Outre les sources froides, nous signalerons des sources thermales qui jaillissent également de pointements de roches éruptives : telle est la source de Tercis (Landes), à 4 kilomètres de Dax, qui sort du terrain crétacé, avec la température de 41 degrés et à proximité de laquelle il paraît exister un affleurement d'ophite; telles sont encore, dans le même département, celles de Pouillon, à 10 kilomètres de Dax, dont il a été question plus haut, et celle de Gamarde, à 16 kilomètres de la même localité.

Le rôle des ophites paraît être ici, soit de déceler les affleurements triasiques au milieu de couches plus récentes, soit peut-être de les y avoir poussés. Quoi qu'il en soit, elles nous fournissent un passage vers les sources salées dont le gisement appartient aux roches cristallines.

Dans beaucoup de cas, ces dernières roches donnent issue à des sources plus ou moins riches en chlorure de sodium et loin de toute formation stratifiée salifère.

[1] D'après une obligeante communication de M. Genreau, ingénieur en chef des mines.

Il en est ainsi pour les sources naturelles et les forages de Creutznach, dans la Prusse Rhénane, qui jaillissent avec une température supérieure à celle des sources ordinaires, des filons d'un porphyre feldspathique. Elles sont cependant assez chargées de chlorure de sodium pour avoir donné lieu à une exploitation depuis des siècles. Elles se distinguent toutefois des sources salées des terrains stratifiés par l'absence de sulfate, ainsi que l'ont remarqué autrefois de Bonnard et Berthier [1].

C'est le chlorure de sodium qui prédomine dans les sources de Royat ($1^{gr},65$ de chlorure de sodium par litre sur $4^{gr},87$ de matière fixe) et à la Bourboule ($3^{gr},84$ de chlorure de sodium sur $4^{gr},90$ de matière minérale). Ces sources sortent de roches volcaniques, pyroxéniques ou trachytiques, au voisinage du granite.

Les principales sources thermales de la Forêt Noire sont caractérisées par la prédominance du chlorure de sodium. A Bade, le total des matières fixes atteint 5 grammes, dont $2^{gr},22$ de chlorure de sodium. Non loin de là, le forage de Rothenfels fournit une eau qui contient $4^{gr},25$ de chlorure de sodium sur $5^{gr},72$ de sels fixes. Les sources de Wildbad, qui jaillissent du granite, contiennent $0^{gr},56$ de matières fixes dont $0^{gr},24$ de chlorure de sodium.

Il y a près de cinquante ans, M. Boussingault [2] a appelé l'attention sur les eaux salées qu'on exploite dans les massifs trachytiques des Andes, provinces d'Antioquia et de Cauca.

Elles sortent de roches cristallines variées, granite, gneiss, micaschiste, grünstein porphyrique, dolérite et trachyte;

---

[1] *Annales des mines*, 1re série, t. XIII, p. 222.
[2] *Annales de chimie et de physique*, t. LIV, p. 165, 1833. — Toutefois, la Cordillère orientale des Andes renferme des amas de sel dans les terrains stratifiés, par exemple celle de Zipaquira, qui est dans le calcaire néocomien.

la zone où se montrent les sources salées est fort étendue :
M. Boussingault l'a suivie du 7ᵉ degré de latitude nord jusqu'au 4ᵉ degré de latitude australe. C'est aussi au trachyte
qu'appartiennent toutes les salines qui sont groupées sur le
plateau de Quito, au sud d'Ibara.

Le sel extrait de ces roches cristallines est en général
iodifère, ce qui lui vaut la propriété d'être antigoitreux.

La présence fréquente du chlorure de sodium dans les
roches cristallines explique comment ces roches peuvent en
fournir aux eaux qui les traversent. Par exemple, le porphyre de Creutznach, d'où sortent les sources dont il vient
d'être question, renferme 0,001 de son poids de chlorure
de sodium, avec chlorure de potassium et de magnésium,
qu'il cède à l'eau. Il en est de même, d'après l'analyse de
M. Laspeyres [1], du mélaphyre du tunnel de Norheim, près
Creutznach, qui contient 0,06 de son poids de chlorures
solubles.

Comme autres exemples de roches cristallines renfermant du chlorure de sodium, je citerai : des basaltes donnant à l'analyse 0,00035 et 0,001 de chlore; la lave du
Monte Nuovo, 0,0068 d'après Abich; le pépérino de Pia-
nura, 0,0015; la roche du cirque du pic de Ténériffe, 0,03;
enfin les obsidiennes et ponces de l'île Pantellaria, où cette
proportion atteint 0,007. Struve avait déjà reconnu la présence habituelle des chlorures dans les basaltes, phonolites
et autres roches volcaniques de la Bohême, ainsi que dans
un cristal maclé de feldspath, provenant du granite de
Carlsbad. De même, M. Boussingault a constaté la présence
du chlorure dans les trachytes et roches pyroxéniques du
Chimborazo, ainsi que dans les obsidiennes et les ponces de
la même contrée.

[1] *Zeitschrift der geologische Gesellschaft*, t. XIX, p. 854, et t. XX, p. 153.

Il n'y a donc pas lieu de s'étonner qu'il y ait si peu de sources qui ne renferment au moins des traces de chlorures et particulièrement de chlorure de sodium. Sur trente-huit sources ordinaires sortant du porphyre feldspathique, du granite, de la syénite, du trachyte, de la dolérite et de basalte que Bischof a examinées, il n'en est pas une qui ne se troublât par le nitrate d'argent. Dans la plupart il indique en outre la présence des chlorures de calcium et de magnésium.

Il faut d'ailleurs admettre que les sels solubles sont très irrégulièrement répartis dans les roches cristallines, quand on voit la différence de salure de sources qui sortent d'un même massif.

Les laves qui exhalent successivement des fumerolles caractérisées par le chlorure de sodium et de l'eau, sont à classer dans les roches cristallines salifères qui nous occupent.

Comme fait se rattachant à ce sujet, on peut citer les cendres volcaniques tombées à l'île de la Réunion, le 4 janvier 1880, qui étaient accompagnées d'eaux fortement chlorurées : l'une de ces eaux, d'après l'analyse du bureau d'essai de l'École des Mines, a donné par litre: $5^{gr},6$ de chlorure de sodium et $4^{gr},2$ de chlorure de potassium, sur $9^{gr},22$ de matières solides.

Outre les sources qui se chargent de chlorure de sodium par leur passage au travers de roches contenant ce sel, il en est qui paraissent s'alimenter de matières salines dans la mer elle-même. Tel pourrait, suivant une remarque de Prony, être le cas de Balaruc (Hérault), où une source sort de couches tertiaires à 1 mètre environ au-dessus du niveau de la mer. Elle contient: sur $9^{gr},08$ de matière fixe, $6^{gr},80$ de chlorure de sodium, $1^{gr},07$ de chlorure de magnésium et $0^{gr},80$ de sulfate de chaux. A Ischia, cette connexion paraît plus probable, ainsi que dans l'île de Milo[1], à Nisyros[2], et à l'île Saint-Paul[3].

Ainsi la mer, en s'infiltrant dans le sol, alimente certaines sources salées, parmi lesquelles doivent figurer sans doute les volcans eux-mêmes, dont les émanations sont riches en chlorures.

Enfin, l'acide chlorhydrique qui se dégage de foyers volcaniques, comme l'Etna, à Vulcano, au Vésuve, en attaquant les roches qui lui livrent passage, peut engendrer des chlorures à leurs dépens.

§ 11. — BROMURES ET IODURES.

Le brome et l'iode ont de telles analogies avec le chlore qu'on ne peut douter qu'ils ne l'accompagnent dans des roches de nature variée, aussi bien que dans le sel gemme. Mais, par suite de leur faible proportion relative, ils sont restés le plus souvent inaperçus, sauf certains cas intéressants, dont plusieurs ont été signalés par M. Chatin. En constatant la présence de l'iode dans diverses sources sulfureuses du Wurtemberg, qui sortent des schistes bitumineux du lias chargées de débris organiques, M. Sigwart a fait remarquer que ces schistes sont eux-mêmes iodifères.

Dans des roches cristallines on a aussi constaté la présence du brome et de l'iode, par exemple dans le mélaphyre du tunnel de Norheim, près Creutznach, d'après M. Laspeyres[4].

---

[1] D'après Sauvage, mémoire précité.
[2] D'après M. Gorceix, mémoire précité.
[3] D'après M. Velain, ouvrage précité.
[4] *Zeitschrift der deutschen geologischen Gesellschaft*, t. XIX, p. 855.

§ 12. — FLUORURES.

On sait combien le fluor, en dehors du fluorure de calcium ou fluorine, est répandu dans des minéraux variés,
dont plusieurs, comme le mica, sont des plus abondants.
Il est naturel que la dissolution ou la décomposition de
ces substances amène des fluorures dans les eaux qui les
baignent.

§ 13. — PHOSPHATES.

Longtemps ignorés dans une foule de roches, les phosphates et particulièrement le phosphate de chaux y sont
maintenant décelés par l'analyse chimique et même par
l'examen microscopique.

§ 14. — ARSÉNIATES.

La sensibilité de la réaction, qui permet de reconnaître
l'arsenic, l'a fait constater dans des roches variées, par
exemple dans la plupart des combustibles minéraux; de
plus la pyrite de fer, si répandue, en est rarement exempte.

§ 15. — BORATES.

Des minéraux assez communs, comme la tourmaline, renferment du bore en quantité suffisante pour expliquer sa présence dans de nombreuses sources.

Il faut ajouter pourtant que nous n'avons pas de notions précises sur les laboratoires où l'eau des soffioni se charge de la grande quantité de bore qu'ils apportent chaque jour. Son origine a été attribuée par Payen à l'action de l'eau d'infiltration sur des masses d'acide borique ou de sulfure de bore; mais ce dernier corps est inconnu dans l'écorce terrestre et l'autre n'a été rencontré que dans des dépôts volcaniques. L'azoture de bore et le borate de chaux ont été aussi supposés, d'après M. Bechi, donner naissance à l'acide borique. M. Dieulafait, après avoir constaté la présence de cet acide dans beaucoup de roches salifères, émet une autre hypothèse.

§ 16. — SILICE ET SILICATES.

Quelque faible qu'elle soit, la solubilité de la silice suffit pour expliquer sa présence, au moins par traces, dans de nombreuses eaux. D'ailleurs divers silicates sont plus ou moins solubles. Une expérience de Woehler, et celle dans laquelle l'analcime en cristaux parfaitement nets se sépare par refroidissement d'une eau suréchauffée, d'après les intéressantes recherches de M. de Schulten[1], sont très instructives à ce point de vue.

[1] *Bulletin de la Société de minéralogie de Paris*, 1881, t. V, p. 7.

A l'occasion de la présence des silicates dans les eaux, il n'est pas hors de propos de mentionner quelques faits qui en sont comme la contre-partie. Les silex, particulièrement ceux qui, à la suite de remaniements, sont enfouis dans certains terrains perméables, ont donné lieu à des dissolutions analogues, ainsi que le témoigne le squelette poreux et à peu près anhydre qui les représente aujourd'hui, comme l'a montré M. Friedel.

Un silicate de la famille des zéolithes[1], la stilbite cristallisée, a été reconnu par M. Bouis, sous forme d'une croûte de 1 à 2 millimètres, à Olette (Pyrénées-Orientales), source de la cascade, dont la température est de 78°.

D'ailleurs le dépôt contemporain d'un silicate de fer et de manganèse a été constaté dans des galeries de mines, par exemple à Freyberg, par Kersten[1].

§ 17. — HYDROGÈNE PROTOCARBONÉ, BITUME.

Diverses roches exhalent spontanément de l'hydrogène carboné en laissant écouler du bitume; il est facile de comprendre que les eaux qui les traversent reviennent à la surface accompagnées de ces substances.

§ 18. — ACIDE CARBONIQUE.

Quand il s'agit de l'acide carbonique contenu dans les sources ordinaires et dans l'eau des puits, la question n'offre

---

[1] Des Cloizeaux. *Traité de minéralogie*, p. 553.

pas de difficulté : on assiste pour ainsi dire à sa dissolution dans l'atmosphère, quand la pluie en tombant le saisit; puis lorsque, s'infiltrant dans le sol, l'eau rencontre l'acide carbonique confiné dans la terre végétale et dérivant des matières organiques en décomposition, comme l'a montré M. Boussingault. C'est ainsi que l'air dissous par les eaux phréatiques contient cet acide, en proportion relativement plus considérable que l'air, par rapport à l'oxygène et à l'azote.

De l'acide carbonique peut se produire lors de l'oxydation de combustibles minéraux, même à froid, ainsi qu'on l'a constaté par l'expérience. Plusieurs observateurs, Liebig entre autres, avaient cru même pouvoir étendre cette explication à des dégagements importants, tels que ceux dont ils étaient témoins dans l'Allemagne du Nord, et les attribuer à des incendies de houilles.

Pour montrer, par un exemple, d'ailleurs exceptionnel, comment des circonstances fortuites peuvent déterminer le dégagement d'acide carbonique, je mentionnerai l'explosion observée dans la mine de houille de Rochebelle, près d'Alais (Gard)[1]. Le 28 juillet 1879, deux violentes détonations se succédaient, à moins d'une minute d'intervalle, dans une galerie au fond d'un puits, à 345 mètres de profondeur, et si subitement que trois ouvriers périrent asphyxiés. En recherchant les causes de la catastrophe, on constata l'absence de toute trace de grisou et l'on eut la preuve que l'acide carbonique était seul en cause. Il s'était dégagé d'un calcaire, attaqué par de l'acide sulfurique résultant de l'oxydation de la pyrite. On a calculé que 4600 mètres cubes de gaz ont jailli tout à coup.

L'acide carbonique, qui est fourni en abondance par les

[1] Delesse. *Comptes rendus*, t. 89, p. 814.

volcans actifs, s'exhale encore à proximité des volcans éteints et des autres roches éruptives récentes.

Le plateau central de la France, avec les torrents d'acide carbonique, soit sec, soit en dissolution dans plus de 500 sources, qui s'en exhalent chaque jour et qui rivalisent avec les plus abondants de l'Europe, est extrêmement remarquable à cet égard.

On sait de quelle manière les roches granitiques s'élèvent sous forme d'un vaste plateau grossièrement triangulaire, que contournent les terrains secondaires et qu'ont traversés d'innombrables éruptions de trachytes, de basaltes et d'autres roches volcaniques. La chaîne des Puys, les massifs du Mont-Dore et du Cantal, ceux du Velay et du Vivarais en sont les représentants principaux.

Parmi les nombreuses sources thermales qui sortent à proximité de ces roches volcaniques, il en est beaucoup qui sont très riches en acide carbonique : telles sont, dans le Puy-de-Dôme, les sources de Royat qu'on voit bouillonner tumultueusement dans le bassin de sortie; celles de Clermont (Sainte-Allyre); celles de Saint-Nectaire-d'en-Haut et de Saint-Nectaire-d'en-Bas, qui sont accompagnées d'innombrables suintements, signalés au regard, le long des tranchées de la route, par leur effervescence continue.

Comme exemples de dégagements d'acide carbonique s'opérant indépendamment de sources aqueuses, nous citerons ceux de Pontgibaud. Les filons de galène argentifère qui traversent les schistes cristallins servent au gaz de canaux principaux d'écoulement. Dans toutes les galeries de mines, comme l'avait déjà remarqué Fournet, il afflue, tantôt régulièrement, tantôt avec intermittence, et même, quand un sifflement ne le signale pas, il se manifeste par sa propriété asphyxiante : les travaux en ont été souvent envahis, malgré un aérage actif, et parfois la vie des ouvriers en a été compromise, comme il est arrivé le 24 juin 1880. C'est surtout aux mines de Pranal, à peu de distance d'un cône de scories, que l'acide carbonique est abondant[1].

Tout le monde connaît à Royat une excavation, dite *grotte du Chien*, où l'acide carbonique s'accumule constamment. Il en est de même à proximité des sept sources de Neyrac, pour deux puits à moffettes de 2 mètres de profondeur, qui débarrassent le sol de l'acide carbonique, auquel on attribuait sa stérilité.

Ces dégagements spontanés d'acide carbonique ne donnent qu'une faible idée de la quantité de ce gaz qui est emprisonnée dans la profondeur et qui en jaillit accidentellement.

En fonçant un puits pour l'exploitation de la houille, non loin de Brassac (Haute-Loire), près du village de Vergongheon, en 1855, on fut arrêté à la profondeur de 200 mètres par une explosion soudaine d'acide carbonique, renfermé, sous de très fortes pressions, dans des poches sableuses du terrain : elle détruisit la partie inférieure du foncement. Un second puits, situé au sud-est du village de Frugères, eut aussi à lutter contre des invasions intermittentes d'acide carbonique qui forcèrent à l'interrompre à la profondeur de 150 mètres, à la suite d'un accident dont 3 ouvriers furent victimes. Le fait s'est renouvelé en mai 1875, dans les travaux de la mine de Bouxhors. Ces diverses éruptions gazeuses sont alignées sur une grande faille dirigée S. 40° E. qui forme vers le sud-ouest la limite de la partie connue du bassin de Brassac, et qui rejette son bord occidental à une profondeur de plus de 200 mètres. Des galeries de recon-

---

[1] Les faits dont il s'agit reproduisent donc ceux que nous avons signalés (t. I, p. 284) à propos des filons métallifères de Rippoldsau.

Dans le Fichtelgebirge, les sources gazeuses sont également en rapport avec des filons quartzeux et métallifères (Gümbel. *Fichtelgebirge*, p. 260.)

naissance poussées vers la profondeur de 220 mètres dans les concessions de Groménil et des Barthes ont rencontré d'abondantes émissions d'acide carbonique.

Comme exemple remarquable d'eau poussée à la surface du sol par la pression de l'acide carbonique, nous avons décrit (t. I, p. 368 à 375) d'abondants jaillissements de ce gaz, déterminés par un forage à Montrond (Loire) dont la puissance est visible sur les figures 164 et 165.

Les contrées montagneuses des bords du Rhin sont exceptionnellement riches en sources gazeuses et en jets d'acide carbonique qui, la plupart, sortent des couches dévoniennes et qu'a énumérées M. von Dechen dans un de ses excellents ouvrages. Bischof[1] a contribué à bien faire connaître plusieurs d'entre elles.

La partie de la rive gauche du fleuve où se trouvent des volcans éteints est privilégiée à cet égard. Tout d'abord il convient de citer les environs du lac de Laach et spécialement Burgbrohl, dont le débit annuel a été estimé par Bischof de 51550 à 68740 mètres cubes, Heilbronn, Tönnistein, Andernach, Wehr, sans compter treize autres localités. C'est particulièrement dans la vallée de Brohl que le gaz est abondant. Sur beaucoup de points des dégagements sont signalés aux regards par les souris, oiseaux et autres petits animaux qu'ils ont asphyxiés; non loin de Perlenkopf, des bestiaux ont aussi péri dans leur écurie; au Brüdelkreis, près Birresborn, on entend le gaz siffler à une distance de 400 pas. Au voisinage des volcans de l'Eifel on compte environ 500 sources, dont Gerolstein, Daun, Rockeskill, Dreis, Birresborn, dans la vallée de la Kyll, auxquelles on pourrait joindre les noms de plus de 40 localités. En dehors de la contrée des volcans, il en est dans une trentaine

---

[1] *Die nutzbaren Mineralien des deutsches Reich*, p. 712.

de localités, parmi lesquelles Neuenahr[1], avec ses 4 sources
à 32° et ses forages fournissant des jets volumineux d'acide
carbonique.

Sur la rive droite du Rhin, au nord du Taunus, se trouvent
aussi de nombreuses sources acidules, depuis Lorch jusqu'à
Langenschwalbach, en suivant la vallée de Visp. Ems, avec
ses 18 sources, et Selters font partie de ce groupe ; Wildungen
est dans le prolongement de la même zone. On peut ajouter
que la source salée de Nauheim, dont il a été question précédemment (t. I, p. 375, et fig. 166), débite, selon Bunsen,
263000 mètres cubes par an.

Dans de nombreuses contrées on retrouve une association
semblable à celle que nous venons de signaler, dans le plateau central de la France et dans l'Eifel, entre les jets d'acide
carbonique et les roches éruptives récentes. Telles sont :
le Fichtelgebirge où, d'après Gümbel, les sources d'Alexan-
dersbad sont en relation avec des éruptions basaltiques[2], la
Galicie, la Hongrie, la Transylvanie et la Bucovine. A l'île
Saint-Paul, les émanations d'acide carbonique jaillissent du
cratère.

Des contrées, où l'on ne voit pas affleurer de roches éruptives, mais dont le sol est plus ou moins disloqué, sont le siège
de dégagements d'acide carbonique et de sources acidules.

Soultzmatt, en Alsace, offre un exemple de ce mode de
gisement. Le grès des Vosges de cette localité a été soumis
à des actions mécaniques considérables. A part les nombreux
galets de quartz impressionnés qu'on y trouve, son soulève-
ment en forme de dôme rappelle tout à fait les protubérances
d'où sortent, dans la même contrée, les sources thermales de
Soultz-les-Bains et de Niederbronn.

---

[1] Voir tome I, de cet ouvrage, p. 379.
[2] *Fichtelgebirge*, p. 617.

Dans le nord de l'Allemagne, le pays situé sur la rive gauche du Weser, entre Carlshafen et Wlotho, jusqu'au revers du Teutoburgerwald, est, d'après Hoffmann, percé, à la manière d'un crible, de canaux qui livrent de toutes parts passage à des jets de gaz acide carbonique et à des eaux acidules. Tels sont le plateau de Paderborn, ainsi que les environs de Pyrmont, de Dribourg et de Meinberg, localités dont cet éminent géologue a fait ressortir, dans une coupe classique, la structure anticlinale. Ce qui se dégage dans une année dans ces trois localités a été estimé comme il suit[1] : Pyrmont, 219 000 mètres cubes, dont 41.000 à la source' des Bains; Dribourg, 73000 mètres cubes; Meinberg, 350000 mètres cubes. Celle de Neusalzwerk fournit journellement 808300 mètres cubes d'acide carbonique, tant libre que combiné.

Enfin, comme terme de comparaison, pris en Bohème, on citera : Marienbad, dont les exhalaisons gazeuses ont été évaluées à 44800 mètres cubes, et Kaiser Franzensbad, avec un débit de 70000 mètres cubes, d'après Tromsdorf.

§ 19. — CARBONATES.

Comme on pouvait s'y attendre, l'eau des pays calcaires renferme habituellement du carbonate de chaux.

Ainsi que l'a montré M. Péligot, et comme on l'a dit plus haut, l'acide carbonique qui sert de dissolvant résulte en général, sauf celui d'origine profonde, de l'atmosphère confinée dans la terre végétale et qui le cède aux eaux d'infiltration; car l'eau de pluie en renferme peu.

Les calcaires magnésiens et dolomies donnent issue à

---

[1] Bischof, *Iahrbuch der Geologie*, t. I, p. 688.

des sources contenant à la fois le carbonate de magnésie et
le carbonate de chaux, par exemple dans le Wurtemberg.

En ce qui concerne le carbonate de soude caractéristique
de nombreuses sources, plusieurs phénomènes contemporains sont à mentionner.

D'abord on sait qu'il se produit dans les eaux de divers
lacs, en Égypte, en Californie et ailleurs par la double décomposition du chlorure de sodium et du carbonate de chaux.
Cette formation serait plus fréquente qu'on ne l'a supposé,
d'après M. Schlœsing, qui l'a constatée d'une manière générale sur divers points du littoral de la France.

D'autre part, comme l'a déjà reconnu Breislack, il apparaît
en efflorescences à la surface de laves et de scories ; celles
de 1669 et de 1865 à l'Etna en offrent des exemples. Il est
probable que la soude de ce carbonate n'est pas empruntée
à la substance des roches, mais au chlorure de sodium
sorti avec elles. M. Fouqué, après avoir montré que le chlorure de sodium est décomposé, à de très hautes températures, par la seule action de la vapeur d'eau, a émis l'idée
qu'il peut se faire d'abord, dans les profondeurs des volcans,
de la soude caustique qui se carbonate ultérieurement.

§ 20. — POTASSIUM.

L'abondance de la potasse dans le granite et d'autres
roches cristallines extrêmement répandues et la décomposition facile du feldspath par des agents divers, chimiques
et même purement mécaniques[1], expliquent la présence des
composés de potassium dans les eaux de tout genre.

[1] Daubrée. *Comptes rendus*, t. LXIV, p. 997.

En général, il n'est pas facile de préciser à quel état de combinaison se trouve le potassium, et c'est d'une manière hypothétique qu'on le considère, dans les analyses, à l'état de chlorure, de bromure, d'iodure, de sulfure, de fluorure, de sulfate, de carbonate, d'arséniate, et de silicate.

§ 21. — SOUDE.

Pour ce qui concerne l'origine de la soude dans les eaux, on peut se reporter aux paragraphes relatifs aux chlorures, sulfates, carbonates, borates et autres sels dont le sodium paraît faire partie essentielle.

§ 22. — LITHIUM.

Le mica, la tourmaline et d'autres minéraux fréquents dans les roches anciennes, contiennent de la lithine qui peut passer dans les eaux. Même en l'absence de ces minéraux, bien des roches renferment de la lithine. Tel est le cas, d'après l'analyse de M. Laspeyres, du mélaphyre du tunnel de Norheim, près Creutznach, qui renferme 0,00018 de lithine.

§ 23. — RUBIDIUM.

Le lépidolithe, un des minéraux où le rubidium est connu, est assez fréquent pour expliquer la présence de traces de ce corps dans différentes sources. Le rubidium a été rencontré dans quelques autres minéraux, la triphylline, le feldspath orthose, la carnallite, le pétalite, le mica de Zinnwald, etc.

M. Laspeyres a trouvé sur 100 parties du mélaphyre du tunnel de Norheim près Creutznach 0,000 298 d'oxyde de rubidium.

De sa présence dans certaines betteraves on doit conclure qu'il existe dans la terre végétale qui les a fournis, tout comme on l'a fait pour le phosphore, bien avant que l'analyse chimique fût parvenue à montrer la diffusion de ce dernier corps.

L'alun potassique recueilli au volcan de Vulcano est riche en rubidium.

§ 24. — CÆSIUM.

Depuis que la présence du cæsium a été reconnue dans le silicate appelé pollux, dont il forme l'un des éléments essentiels, comme l'a découvert M. Pisani, ce corps a été trouvé dans le lépidolithe, la triphylline, le pétalite, la carnallite et d'autres minéraux. Le mélaphyre du tunnel de Norheim renferme, d'après l'analyse de M. Laspeyres, sur 100 parties 0,000380 d'oxyde de cæsium.

Le même métal a été trouvé en quantité notable dans l'alun potassique recueilli au volcan de Vulcano.

Depuis qu'on sait qu'il existe dans la mer, on ne peut s'étonner qu'il se retrouve dans des sources salées.

§ 25. — BARYUM.

On sait que le baryum a été découvert dans certains feld-spaths par M. Alexandre Mitscherlich, et dans différentes roches cristallines : dès lors il est facile de s'expliquer son passage dans les eaux.

On surprend l'effet à côté de la cause, lorsqu'on voit sortir des eaux contenant de la baryte, de filons à gangue barytique qui sont si fréquents. Tel est le cas à Bussang (Vosges), où, d'après M. Braconnier[1], lors du captage de la source gazeuse dite Marie, on a rencontré sur les parois du griffon principal une croûte, d'un centimètre d'épaisseur, composée de cristaux de sulfate de baryte.

§ 26. — STRONTIUM.

Berzelius le premier, dans la mémorable analyse des eaux de Carlsbad, a mentionné la présence du strontium dans les eaux minérales. Depuis lors, la strontiane a été retrouvée dans des sources appartenant à toutes les classes.

Plus souvent et avec plus d'abondance que le baryum, le strontium a été reconnu dans des roches cristallines, parti-culièrement dans des roches éruptives récentes. Cela expli-que qu'aux environs du lac de Laach, Bischof a trouvé de la strontiane dans quinze sources. Struve avait déjà signalé cette base dans le phonolite, le basalte et la syénite, qui, traités par une solution concentrée d'acide carbonique,

---

[1] *Annales des mines*, 7e série, t. VII.

lui avaient donné de l'eau contenant, par litre, 0^{gr},007, 0^{gr},011 et 0^{gr},33 de ce corps.

Sa présence dans les sources se comprend, lors même qu'à proximité on ne voit pas poindre de roches basaltiques strontianifères.

La source de Bussang, dans laquelle l'analyse indique des traces de strontiane, sort, comme on vient de le voir, d'une veine de barytine, renfermant plus de 2 0/0 de sulfate de strontiane.

§ 27. — CALCIUM.

Il suffit de mentionner ici la diffusion du calcium, non seulement dans les roches stratifiées, mais aussi dans les roches cristallines et éruptives, pour expliquer sa présence si fréquente dans les eaux.

§ 28. — MAGNÉSIUM.

Le magnésium, quoique moins abondant que le calcium, n'est pas moins répandu dans les roches de toutes les catégories.

Dans une carrière de plâtre située à Cruzy, canton de Saint-Chignan (Hérault), on a découvert en 1884, dans une ancienne carrière de gypse, une source sulfatée magnésienne. Elle sort d'un trou de sonde pratiqué dans des couches presque verticales d'anhydrite. Or la roche, autour du point d'émergence, présente des veines de sulfate de magnésie cristallisé et fibreux [1].

---

[1] Braconnier. *Annales des mines*, 8ᵉ série, t. VII, p. 143.

Dans le même département, à Montmajou, la source des Bains renferme, d'après M. Moitessier, sur $0^{gr},535$ par litre, $0^{gr},278$ de carbonate de magnésie et $0^{gr},078$ de sulfate de la même base. Une autre source jaillissant au fond du puits contient $3^{gr},86$ de sulfate de magnésie sur $17^{gr},46$ de matières salines. Cette dernière sort d'une faille qui a juxtaposé les marnes supraliasiques au calcaire oolithique.

§ 29. — ALUMINIUM

L'aluminium n'est pas répandu, à beaucoup près, dans les eaux avec une abondance qui corresponde au rôle qu'il joue dans la constitution de l'écorce terrestre, à cause de la difficulté qu'il éprouve d'entrer dans des combinaisons solubles. Toutefois la dissolution de cette base est facile à expliquer dans le cas de la solfatare de Pouzzole et des volcans du Popocatepetl et du Puracé, qui renferment de l'alumine en forte proportion, à l'état de sulfate, en même temps que de l'acide sulfurique libre.

§ 30. — MANGANÈSE.

Le manganèse est si répandu dans les roches stratifiées et dans les roches cristallines que sa présence dans les eaux est facile à comprendre.

L'argile de certains dépôts actuels de la mer présentent des incrustations d'oxyde de manganèse, qui recouvrent tous les objets du fond; débris de pierre ponce, coraux, dents de poissons de toutes grandeurs, éponges siliceuses, radiolaires, globigérines. On a observé des incrustations, en couches concentriques, qui atteignent $0^m,30$ d'épaisseur.

Ce manganèse a apparemment une origine volcanique ; car partout où l'on trouve de la pierre ponce, on rencontre aussi ce métal.

§ 31. — FER.

Aucun métal lourd n'est aussi abondant, ni aussi répandu que le fer dans les roches de toutes les catégories, d'où il passe fréquemment en dissolution dans les eaux.

A l'état de carbonate, il est purement et simplement dissous à la faveur de l'acide carbonique : il en est probablement ainsi à Orezza, Corse, à Spa, Belgique, et à Pyrmont, Westphalie. Le carbonate de soude qui se trouve dans beaucoup de sources gazeuses peut aider à la dissolution.

Lorsque de telles eaux arrivent à la surface du sol, elles perdent de leur acide carbonique et, par suite, une partie du fer qu'elles tenaient en dissolution se précipite, en se peroxydant, c'est-à-dire à l'état d'hydrate de peroxyde. C'est un fait dont on est à chaque instant témoin.

Toutefois il n'en est pas toujours ainsi : de telles eaux peuvent précipiter du carbonate, lorsque l'influence oxydante de l'atmosphère n'intervient pas. C'est ainsi que dans la vallée de Brohl, à 3 mètres de profondeur, Bischof[1] a trouvé un dépôt de source, de formation actuelle, qui contenait :

Carbonate de protoxyde de fer.	77.5
Carbonate de chaux.	2.6
Mélange terreux.	20.1
	100.0

[1] *Lehrbuch der chemischen Geologie*, t. I, p. 550.

Il est des cas où le fer est dissous à la faveur de l'acide sulfurique, comme il arrive lors de l'oxydation de la pyrite. De là, certaines eaux qui contiennent du sulfate ferreux et du sulfate ferrique, comme on le voit aux environs de Paris et dans Paris même, aux affleurements des couches pyriteuses de l'argile plastique, par exemple à Auteuil, où l'eau de lavage est utilisée pour les besoins thérapeutiques. Le sous-sulfate (apatélite) que l'on voit à Vaugirard et ailleurs doit son origine à cette dissolution.

Des faits analogues se montrent dans les terrains de tous les âges; nous nous bornerons à rappeler la source de Laifour sur le bord de la Meuse, département des Ardennes, au milieu de phyllades et à proximité de diorites, roches qui sont l'une et l'autre pyriteuses.

En dehors des modes de dissolution du fer que nous venons de mentionner, il en est un incomparablement plus fréquent et dont on est journellement témoin, dans une multitude de localités.

Un dépôt ocreux de consistance gélatineuse se produit dans des suintements d'eau qui découlent de limons et autres roches ferrugineuses. Il est de nombreuses prairies où ces suintements sont particulièrement abondants. C'est à ce phénomène que doivent naissance des dépôts assez abondants pour être exploités et connus, suivant les circonstances de leur gisement, sous les noms de *minerais des lacs, minerais des marais, minerais des prairies, minerais des gazons*[1].

Il n'est pas douteux que tous ces dépôts ferrugineux n'aient été formés à une époque très récente; car non seulement ils sont fréquemment superposés à des graviers et à des sables

---

[1] En allemand, *Morasterz, Sumpferz, Seeerz, Wiesenerz, Raseneisenerz* et en anglais *bog-ore*.

diluviens, mais accidentellement on rencontre, au milieu de minerai massif, des produits de l'industrie humaine, tels que des fragments de poteries ou des outils. D'ailleurs, en diverses localités de l'Allemagne, ceux qui l'exploitent ont reconnu que du minerai se reproduit en des points où antérieurement on l'avait extrait en totalité. Comme régions de l'Europe particulièrement riches en minerai des marais, on peut citer : la Basse-Lusace, la Silésie, la Pologne, la Poméranie, les plaines du Mecklembourg et du Hanovre, le Banat, quelques contrées voisines du Rhin, entre autres la Hollande ; le Danemark et surtout le Jutland ; la Livonie, la Courlande, la Finlande, le gouvernement d'Olonetz et les bords du Donetz ; enfin un très grand nombre de lacs de la Scandinavie. L'existence du même minerai a été signalée aussi hors de l'Europe, notamment dans les savanes du nord de l'Amérique, au Connecticut et en Afrique, dans les sables du Kordofan. Il est exploité dans beaucoup de contrées, pour la fabrication du fer. En Norvège il paraît même avoir été employé, il y a trois ou quatre siècles, avant que les riches amas d'oxyde magnétique eussent fixé l'attention des habitants du pays.

Le trait le plus essentiel à ces dépôts ferrugineux, dans toutes les contrées où ils ont été décrits, c'est d'être situés dans le voisinage de cours d'eau, soit dans les plaines où ces cours d'eau prennent des vitesses très faibles et se partagent en flaques marécageuses, soit dans les lacs que ces rivières alimentent. La première manière d'être, qui est la plus fréquente, se montre le long de l'Oder, de l'Elbe, de la Neisse, de la Sprée, etc., en Allemagne, et sur le rivage même du fleuve Luleo, en Laponie. Plus d'un millier de lacs de la Suède, de la Norvège, de la Finlande et du nord de la Russie fournissent des exemples du second genre de dépôts ; dans la seule province de Vermelande en Suède, au moins deux cents lacs ou vastes marais contiennent du minerai de fer.

Lorsque ce minerai est enfoui dans le sol, il se trouve en général à une très faible distance de la surface, c'est-à-dire rarement au delà d'un mètre et le plus ordinairement à $0^m,20$ ou $0^m,30$ de profondeur. Du gazon, des bruyères, du sable, du limon, ou très souvent encore de la tourbe, le recouvrent. L'oxyde est disséminé dans un sol sablonneux, sous forme de plaquettes, de veines ou de rognons, dont la grandeur et la configuration sont fort variables. Quelquefois ces diverses masses ferrugineuses sont isolées; fréquemment elles sont très rapprochées et soudées entre elles, de manière à constituer des couches superficielles, à peu près continues, qui s'étendent quelquefois sur des centaines de mètres en tous sens. Rarement l'épaisseur de ces couches dépasse $0^m,60$ à 1 mètre, et elle est en général beaucoup moindre. Ainsi, en Lusace, sa puissance moyenne n'est que de $0^m,12$.

Le minerai du fond des lacs est souvent en grains isolés, de forme sphéroïdale, dont la grosseur varie depuis la tête d'une épingle jusqu'à une noisette et même au delà. La structure concentrique et feuilletée y est souvent reconnaissable, et a quelque ressemblance avec celle du minerai pisolithique de la formation tertiaire. On le rencontre aussi en petits galets plats, d'environ un centimètre de diamètre, auxquels, dans les environs du lac Onega, on a donné le nom de *denejnik* (petite monnaie de cuivre).

La couleur du minerai des marais et des lacs varie du brun jaunâtre au brun foncé; il contient des parties noires, dont l'éclat est voisin de celui de la poix. Sa densité varie de 2,46 à 3,20.

De nombreuses analyses du minerai des marais y ont indiqué les substances suivantes : oxyde ferrique, oxyde ferreux, oxyde manganique, chaux, magnésie, alumine, oxyde de zinc, oxyde de cuivre, oxyde de cobalt, oxyde de chrome, acidè phosphorique, acide arsénique, acide sulfurique, chlore, acide silicique, acides crénique et apocrénique, eau; plus, du sable, de l'argile et des débris organiques qui y sont mécaniquement mélangés. La quantité de phosphate peut influer notablement sur la composition des fontes. Le fer phosphaté bleu s'y montre quelquefois isolé, surtout quand e minerai est associé à la tourbe (Lusace, bords du Donetz, lOlonetz). Dans ce dernier pays, le minerai des marais est toujours plus phosphoreux que celui des lacs. L'oxyde de manganèse, très rarement absent, atteint dans quelques variétés la proportion de 35 pour 100. Certains minerais renferment, en outre, du protoxyde de fer, mais on ne peut le doser, puisque l'oxyde manganique le suroxyde dès que l'on dissout le mélange. C'est sans doute par suite de l'action de l'oxygène que souvent le minerai, de brun qu'il est au sortir de la terre, devient d'un jaune clair après avoir été exposé à l'air.

Quoique la précipitation de l'oxyde de fer continue à se faire journellement à la surface des continents, avec l'abondance que l'on vient de signaler, l'histoire du phénomène est restée longtemps obscure.

Cette précipitation du peroxyde de fer est la contre-partie d'un phénomène de dissolution que l'on n'observe pas moins fréquemment.

De toutes parts il se rencontre des limons et des argiles sableuses, de couleur jaune d'ocre A (fig. 11), qui sont bariolées de nombreuses veines. Ces dernières, partant de la terre végétale, serpentent en tous sens, mais surtout dans une direction voisine de la verticale, jusqu'à 2 et 5 mètres de profondeur. Quand on examine ces veines blanches, on remarque que chacune d'elles a une section circulaire, et que son centre est occupé par une racine de plante en décomposition; l'argile blanche forme autour de celle-ci une sorte de gaine qui suit toutes les inflexions des racines et de leurs ramifications les plus déliées.

C'est donc par l'influence de ces racines que l'oxyde de fer hydraté de l'argile a été dissous, et cela, jusqu'à une distance qui varie de 1 à 5 centimètres. Les ramifications principales des racines ont agi plus loin que les filaments plus fins.

En outre, lorsque l'argile est assez sableuse pour per-

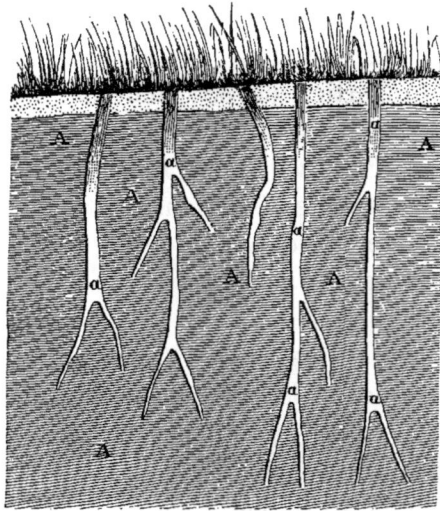

Fig. 11. — Décoloration des limons ferrugineux A par les racines *a*. Origine du minerai de fer contemporain.

mettre aux eaux de s'y infiltrer, il en sort quelquefois des suintements ferrugineux. Ailleurs, l'oxyde de fer dissous s'infiltre dans des fissures ou se réunit en petites concrétions.

D'après les faits qui viennent d'être mentionnés, les eaux qui découlent de la surface du sol, le long des racines en voie de décomposition, s'acidifient de manière à pouvoir dissoudre l'oxyde de fer.

Ce n'est pas seulement à l'état de carbonate que, dans ces

circonstances, le fer peut se dissoudre, mais aussi, à proximité de substances végétales en décomposition, à l'état de crénate de protoxyde. Comme l'a reconnu Berzelius, ce dernier sel, de même que le carbonate, en subissant le contact de l'air, se décompose et produit un dépôt insoluble où le métal est passé à l'état de crénate de peroxyde.

Le sous-sol du sable des Landes présentent des analogues bien connus aux faits qui précèdent, dans la couche ferrugineuse nommée *alios* (fig. 12).

D'après les observations qui précèdent, le fer pourrait

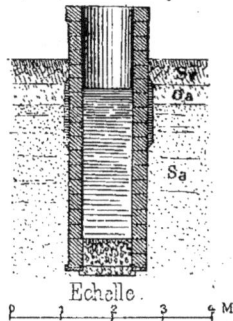

Fig. 12. — Coupe d'un puits traversant l'alios G_a dans le sable aquifère des Landes, S_a S_t, sable superficiel. — D'après M. Chambrelent.

jouer un rôle dans l'acte de la végétation, ainsi que je le remarquais dès l'année 1846[1].

§ 52. — COBALT.

Le cobalt, qui se trouve assez souvent non seulement dans les filons métallifères, mais aussi dans les terrains stratifiés,

---

[1] Recherches sur la formation du minerai de fer des marais et des lacs. *Annales des mines*, 4e série, t. X, 1846.

comme dans la couche de schiste bitumineux du Mansfeld et dans le grès tertiaire d'Orsay (Seine-et-Oise), peut passer dans les eaux.

§ 33. — NICKEL.

Non seulement le nickel a les mêmes gisements que le cobalt, mais il se trouve en outre dans un grand nombre de roches silicatées magnésiennes, telles que les péridotites et les roches silicatées magnésiennes.

§ 34. — VANADIUM.

Le vanadium peut être fourni aux eaux souterraines par les argiles, les bauxites, les minerais de fer stratifiés et d'autres roches non moins répandues.

§ 35. — ZINC.

Le zinc peut dériver non-seulement des gîtes calaminaires, mais aussi de beaucoup de dolomies, d'argiles et de roches éruptives pyroxéniques [1], etc.

[1] *Zeitschrift der deutschen geologischen Gesellschaft*, t. II, p. 206.

§ 36. — ANTIMOINE.

Les gîtes métalliques où les combinaisons de ce métal sont visibles, de même que les roches, telles que les combustibles qui en renferment des traces[1], peuvent fournir l'antimoine aux eaux souterraines.

37. — ÉTAIN.

L'étain ne paraît pas dériver en général des gîtes de cassitérite, minéral qui est inattaquable. Il est plus naturel de rattacher sa présence dans les eaux à l'altération du péridot, souvent stannifère, comme l'a montré Berzelius, pour la source de Seidschütz.

§ 38. — CUIVRE.

Le cuivre peut provenir des gîtes où les minerais sont visibles, comme il arrive pour les eaux qui découlent des mines de Neusohl en Hongrie. Il en est de même pour celles qui lavent les robinets de cuivre à Vichy, par exemple.

Les roches éruptives, basaltes et autres, qui contiennent fréquemment du cuivre, peuvent aussi l'abandonner aux eaux, ainsi que de nombreuses roches stratifiées, schistes

[1] *Annales des Mines*, 4e série, XIX, 1850.

argileux et autres. Comme exemple des premières, on peut citer le mélaphyre de Norheim près Creutznach, qui, d'après M. Laspeyres, contient 0,00118 de son poids de cuivre.

§ 39. — PLOMB.

Les filons et autres gîtes où les minerais de plomb, galène, cérusite, anglésite, etc., sont visibles et plus ou moins attaquables, peuvent fournir ce métal aux eaux. C'est le cas à Rippoldsau (grand-duché de Bade) à Pontgibaud (Puy-de-Dôme) pour la source de Barbecot, et à l'ancienne mine de Hackelsberg en Silésie où le plomb se trouve dans des stalactites et d'autres dépôts. Quant au plomb qui a été signalé à Neyrac, il provenait d'un corps de pompe.

§ 40. — BISMUTH.

Le bismuth est à l'état de combinaison attaquable dans la plupart de ses composés et paraît être beaucoup plus répandu qu'on ne l'avait cru jusqu'à présent, à en juger par sa présence dans les produits des houillères embrasées de Saint-Étienne, où une circonstance accidentelle l'a décelée.

§ 41. — MERCURE.

Le mercure à l'état de cinabre est assez attaquable par diverses substances fréquemment dissoutes dans les eaux, pour qu'il puisse s'y dissoudre lui-même.

§ 42. — CORPS DIVERS.

Il serait prématuré de chercher l'origine du chrome, du molybdène, du tungstène, de l'urane, du titane, du tantale, du cérium, de l'yttrium, du zirconium, du glucinium, du thallium, de l'argent et de l'or, tant que la présence de ces corps dans les eaux minérales n'a pas mieux été démontrée. Cependant il est à remarquer, en ce qui concerne le chrome, dont le nom rappelle tout d'abord le fer chromé combinaison complètement insoluble, qu'il se rencontre aussi dans diverses roches éruptives magnésiennes, telles que les serpentines. Ebelmen l'a signalé à l'état facilement soluble, dans un minerai de fer de la Haute-Saône. On sait que le chlorure d'argent est soluble dans les eaux qui contiennent du sel marin. Quant au titane, c'est sans doute par des combinaisons autres que les fers titanés, minéraux peu attaquables, mais plutôt par des argiles titanifères, que ce métal entre en dissolution dans les eaux.

LIVRE QUATRIÈME

OBSERVATIONS GÉNÉRALES ET RÉSUMÉ

INTRODUCTION

Après le développement qui a été donné aux trois livres précédents, les observations générales qu'il me reste à présenter sur le régime et sur la température des eaux souterraines seront très courtes. Il paraît inutile de revenir à leur composition ; mais on trouvera, comme troisième partie, des développements concernant les geysers, les volcans et les tremblements de terre.

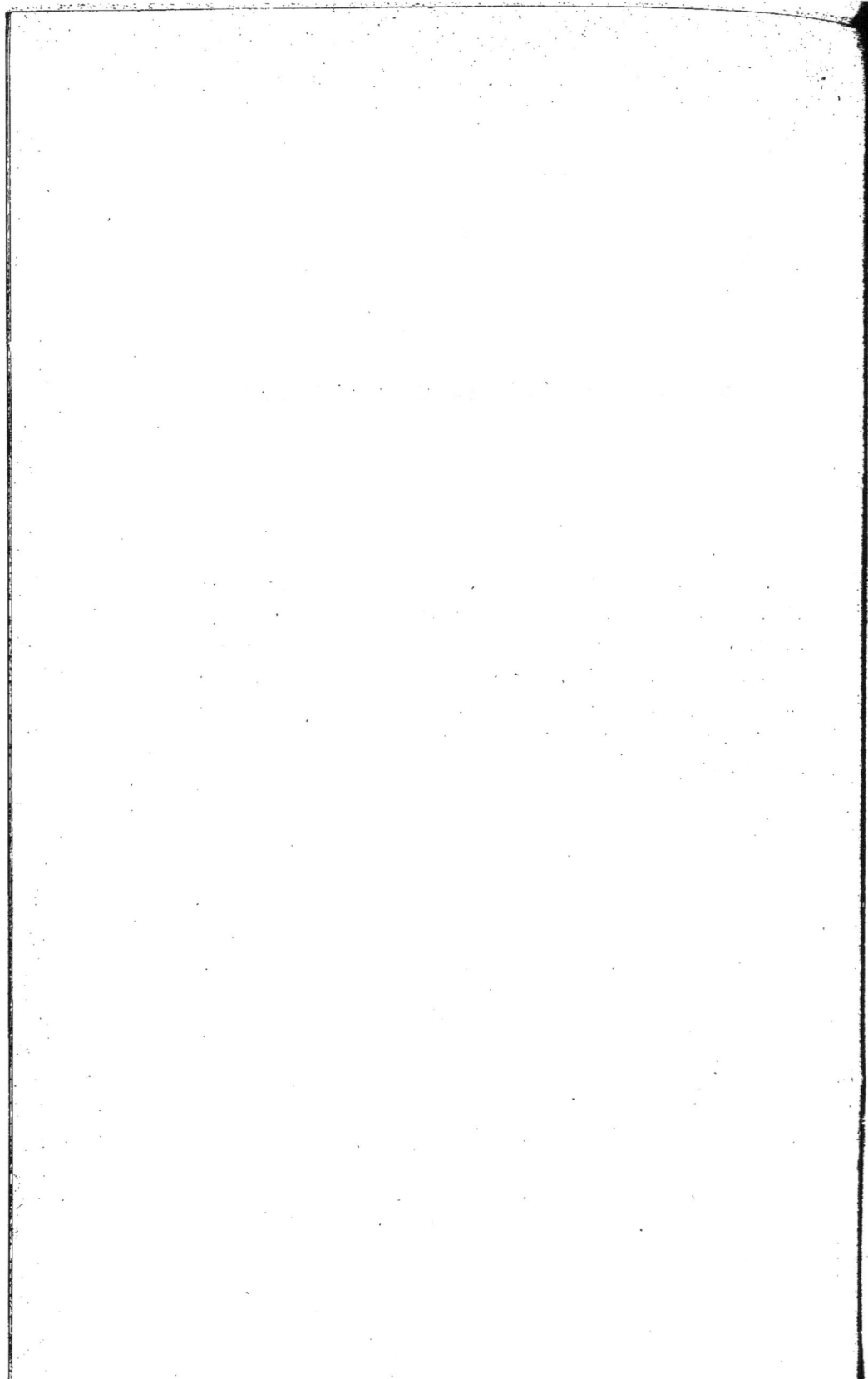

PREMIÈRE PARTIE

OBSERVATIONS RELATIVES AU RÉGIME

———

Des hypothèses bien diverses ont été émises sur le mode de circulation des eaux souterraines, depuis l'antiquité, lorsque Sénèque disait[1] : « L'air souterrain se convertit en eau dans les cavernes où il y a perpétuité d'ombre et permanence de froid; de plus la terre est susceptible de transmutation; pourquoi la terre ne serait-elle pas produite par l'eau, et l'eau par la terre? De telles transmutations sont d'autant plus faciles que l'élément à naître est déjà mélangé au premier. »

Le régime des eaux souterraines est en relation si intime avec la nature et le mode d'agencement des roches qu'elles rencontrent qu'on ne pouvait le connaître, tant que la constitution géologique de l'écorce terrestre n'avait pas bien été étudiée.

[1] *Questions naturelles*, livre III, § 9

§ 1. — RELATION DES EAUX SOUTERRAINES AVEC LA CONSTITUTION DU SOL.

Les nombreux exemples du régime des eaux souterraines décrits plus haut permettent de se faire une idée du mode d'infiltration et de circulation à travers les roches de diverses catégories. Pour beaucoup, il eût été possible de les ranger, avec des raisons à peu près égales, dans différents chapitres, certains d'entre eux faisant intervenir à la fois plusieurs des traits géologiques qui ont servi à la division de notre sujet. C'est ainsi que les eaux phréatiques, après avoir été étudiées dans un chapitre relatif au régime dans les terrains perméables, sont revenues lorsqu'il s'est agi du contact des roches perméables et des roches imperméables, et plus tard encore, à propos du rôle des lithoclases simples.

D'un autre côté, la nécessité de morceler le sujet d'après des points de vue successifs n'a pas toujours permis d'en faire ressortir les grandes lignes. On voit mieux maintenant comment, dans une contrée donnée, la connaissance de la structure géologique fait immédiatement pressentir certains niveaux de nappes d'eau, continues ou discontinues. Ainsi, dans le bassin de Paris et ses ceintures, il en est un grand nombre, parmi lesquelles nous citerons : les assises tertiaires des marnes vertes et de l'argile plastique ; la base de la craie ; les grands massifs calcaires et gréseux du terrain jurassique, du trias et du terrain permien. Il en est de même en Angleterre dans le bassin de la Tamise, où, comme chez nous, le lias retenant les eaux d'infiltration de l'oolithe inférieure détermine des sources puissantes. Telles sont, aux environs d'Oxford, celles d'Ampney près Circenster (54 480 mètres cubes par 24 heures), Bibury (45 000 mètres cubes), Stowe on the Wold (113 500 mètres cubes)·

Nulle part on ne peut mieux suivre les particularités du régime des eaux souterraines que dans les nappes phréatiques. C'est pourquoi nous avons cru devoir insister sur ce cas qui est le plus simple. On a vu par de nombreux exemples que tantôt les eaux phréatiques pénètrent dans les dépôts superficiels perméables et particulièrement dans les alluvions anciennes et modernes ; que tantôt elles imprègnent des roches variées, sédimentaires ou non, telles que des sables, des grès et des calcaires de tous les âges, des déjections volcaniques, etc.

Aux exemples qui ont été signalés nous ajouterons celui des eaux phréatiques de Stuttgart, qui ont été l'objet d'études de M. Fraas[1], dont le niveau est loin d'être uniforme (fig. 13 et 14). Dans la vallée du Nesenbach, sur 5 kilomètres de longueur, elle a une chute de $51^m,5$, ce qui correspond à la pente de $\frac{1}{150}$, à peu près comme le thalweg superficiel. L'eau, au lieu d'être stagnante, circule à travers les couches, malgré les inégalités souterraines.

La figure 15 complétera et résumera les faits relatifs aux eaux phréatiques de la vallée du Rhin, dont il a été question précédemment, tome I, page 22 et suivantes.

Des données fort utiles et en quelque sorte expérimentales, sur le sujet qui nous occupe, sont fournies par le forage des puits artésiens.

Les cavernes dont le développement est si considérable dans beaucoup de massifs calcaires et dont, par suite, le rôle hydrognostique est de première importance, ont été l'objet d'un examen spécial.

---

[1] *Ueber den Untergrund der Stadt Stuttgart*, 1876.

De nombreux exemples ont bien fait ressortir le rôle des lithoclases simples dans les terrains de tous les âges, et celui des lithoclases associées à des roches éruptives, ainsi que des filons métallifères.

En ce qui concerne les failles ou paraclases dont Buchland

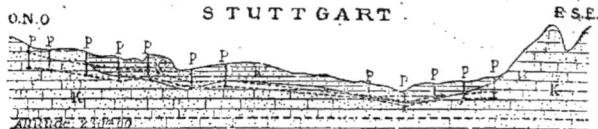

Fig. 13. — Coupe prise à Stuttgart, transversalement à la vallée, montrant les inégalités des eaux phréatiques vers leur maximum et vers leur minimum. K, couche du keuper; K', keuper désagrégé avec limon et sable; p p p, puits. — D'après M. le Dr Oscar Fraas.

Échelle des distances horizontales $\frac{1}{36.000}$; l'échelle des hauteurs est cinq fois plus grande.

et Hopkins avaient bien apprécié l'importance à ce point de vue, aux exemples qui ont été donnés, il n'est pas superflu d'en joindre quelques autres qui ne sont pas moins caractéristiques.

M. Fabre a signalé, dans les causses de la Lozère, des failles

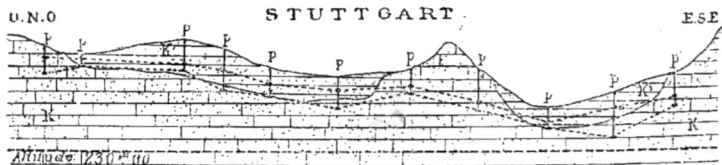

Fig. 14. — Coupe transversale à travers la ville de Stuttgart, montrant les inégalités des eaux phréatiques vers leur maximum et vers leur minimum. K, couche du keuper; K', keuper désagrégé; p p p, puits. Cette coupe est prise à 1 kilomètre au S. O. de la coupe précédente. — D'après le docteur Oscar Fraas.

Échelle des distances horizontales $\frac{1}{36.000}$; l'échelle des hauteurs est cinq fois plus grande.

qui rompent la nappe d'eau superposée aux argiles du lias, pour favoriser l'écoulement latéral.

Dans le département de Meurthe-et-Moselle, suivant M. Braconnier, certains promontoires de la falaise oolithique sont, pour ainsi dire, hachés de cassures avec rejets, et c'est de la faille de Ludres à Clairlieu que jaillissent les sources des Cinq-Fontaines.

Dans la Côte-d'Or[1], les paraclases engouffrent et font disparaître, au voisinage de leur source, la plupart des rivières du département. Elles limitent les bassins d'hydrognosie souterraine, dont le fond est formé par de puissantes couches marneuses. Puis, soit directement par leurs couloirs, soit par communication avec les vastes tubulures aquifères des calcaires compacts, elles amènent à la surface les sources à grand volume, qu'on rencontre à chaque pas dans la Côte-d'Or et dont les nappes multiples sont un des traits les plus

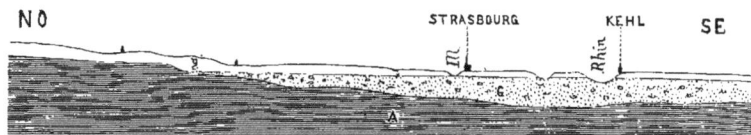

Fig. 15. — Gisement des eaux phréatiques de la plaine du Rhin à la hauteur de Strasbourg. A, couches tertiaires et autres supportant les alluvions anciennes formées de gravier G et de limon loess, g.

saillants des chaînes jurassiques, par exemple à Villecomte, près de Is-sur-Tille; à Touillon, dans la vallée de Fontaine-lès-Montbard; à Baume-la-Roche, et à la source de la Bèze.

Dans les régions de la Haute-Saône où les failles sont fréquentes, les eaux drainées par les cassures sortent souvent du sol, à l'état de véritables rivières (la Baignette, la Morte)[2].

De même, aux environs de Chalon-sur-Saône, de nombreuses failles traversent les terrains houiller et permien. Les couches étant très morcelées par ces accidents, il n'y a pas de niveau d'eau important dû à une alternance de calcaires et de marnes. Mais dans les failles s'établit une circulation d'eau et la plupart des sources sont situées sur

[1] D'après M. Guillebot de Neuville.
[2] D'après M. Marcel Bertrand.

ces cassures. Quelques-unes ont des débits considérables
(le Puley, la Laives, etc.[1]).

Une fosse de la concession de Douvrin, dans le Pas-de-
Calais, a été inondée, en mars 1882, par une venue d'eau
dérivant du calcaire carbonifère (fig. 16) et dont le volume
s'élevait à 10 000 mètres cubes par vingt-quatre heures.

Un rôle analogue des failles a été constaté récemment au
Saint-Gothard, dont il a été question tome I, page 10. Tandis
que sur la plus grande partie du tunnel, des roches ne

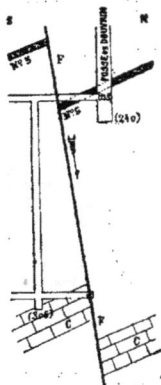

Fig. 16. — Coupe verticale de la faille F de Douvrin; c c, calcaire carbonifère qu'elle a coupé
et rejeté, en même temps que le terrain houiller et particulièrement la couche de houille n° 5.

donnaient que très peu d'eau, elles en fournissaient en
grande abondance dans la partie sud, sur 5 kilomètres, où
le volume des infiltrations atteignit dès la première année
du percement 250 litres par seconde (800 000 litres par
heure). La galerie, dont la section moyenne était de 6 à
7 mètres carrés, fut pendant près de trois ans transformée
en un véritable aqueduc où l'eau s'élevait à 0m,50. Quelques-unes de ces infiltrations avaient le volume et la vitesse
d'un jet de pompe à incendie. Les failles ne donnaient pas

[1] D'après M. Delafond.

seulement de l'eau, mais des torrents de boue et de débris qui se déversaient dans la galerie[1].

Dans certains cas, les sources sont alimentées par des eaux qui *descendent* des couches adjacentes à la faille; dans d'autres, les eaux *s'élèvent*, par suite d'une pression hydrostatique, de la même manière que dans les puits artésiens.

Ce dernier cas est particulièrement celui des sources thermales, dans le mouvement desquelles peut d'ailleurs intervenir aussi la force élastique de la vapeur et celle de l'acide carbonique. On a vu, en effet, comment les eaux souterraines sont parfois poussées vers la surface du sol, non seulement par l'action de la gravité, mais par la tension de gaz et spécialement de l'acide carbonique. Dans d'autres cas, c'est la force expansive de la vapeur d'eau qui est le moteur de l'ascension; de là résultent les geysers, les soffionis, les volcans, y compris les solfatares.

§ 2. — INFLUENCE DU RÉGIME DES PLUIES

Beaucoup de sources abondantes manifestent dans leur volume et après un laps de temps plus ou moins long, des variations qui sont en rapport avec l'abondance des eaux météoriques, liquides ou congelées.

Ainsi pour les sources de la Somme-Soude et de la Vanne, Belgrand évalue leur volume au quart ou au cinquième de la recette pluviale. Toutefois pendant une année sèche, leur débit en a atteint les $\frac{7}{6}$, ce qui paraît résulter de ce que

[1] Stapff. *Comptes rendus de l'Académie des sciences*, t. XC, p. 492.

les roches ont abandonné une partie surabondante de l'eau reçue pendant les années antérieures.

Pendant la construction des fortifications d'Anvers, les officiers du génie ont constaté cette même proportion du cinquième entre la chute pluviale et le débit des sources : l'étude de celles de Braine l'Alleud, dérivées vers Bruxelles, a donné le même résultat[1].

Quant aux variations annuelles d'une même source, elles sont souvent considérables ; on l'a vu par exemple pour la Fontaine de Vaucluse (tome I, p. 319 et suivantes).

Les belles sources des Avents près de Montreux, qui le 15 juin et le 11 septembre 1884 donnaient au delà de 14 500 litres, étaient réduites le 13 juillet de la même année à 6100 litres.

Une série d'observations a été faite au Havre[2], dans le but de prédire exactement et plusieurs mois d'avance les variations de débit que les sources doivent éprouver, d'après la quantité d'eau apportée par l'atmosphère dans le périmètre de leur bassin.

L'influence réciproque des puits artésiens voisins se rattache aux considérations qui nous occupent. On sait que le régime du puits de Grenelle a été longtemps fixe et qu'il n'a éprouvé aucune variation, même dans les années d'extrême sécheresse, comme 1857, 1858 et 1859, ou d'extrême humidité, comme 1860. La principale nappe du puits de Passy a été atteinte le 24 septembre 1859 à midi. Dès le 25 à six heures du matin, le puits de Grenelle débitait encore comme les jours précédents 907 mètres cubes. Le même jour à minuit le débit tombait à 806 mètres cubes ; le 26 à six heures du matin, à 778, et restait à ce chiffre jus-

[1] *Revue universelle des mines*, t. XIV, 1883.
[2] M. Meurdra. *Association française*, le Havre, 1877, p. 467.

qu'au 27 à midi; le même jour à minuit, il tombait à 720 mètres cubes, et persistait jusqu'au 1er octobre. Du 1er au 3 octobre à six heures du soir il s'abaissait successivement jusqu'à 634 mètres cubes, produit qui s'est maintenu sans variation jusqu'au 12 à minuit, où l'on a constaté le débit minimum, 605 mètres cubes [1].

§ 3. — INFLUENCE DU NIVEAU DE L'ORIFICE SUR LE DÉBIT DES SOURCES

Pour un même instant, le volume d'une source augmente ou diminue suivant qu'on a baissé ou qu'on élève son orifice d'écoulement. Quoique le fait soit général, je rappellerai les observations relatives au puits de Passy. Le 28 octobre 1861, à midi, lorsque l'eau coulait au niveau du sol, c'est-à-dire à l'altitude de 53 mètres, son débit était de 15 800 mètres cubes par 24 heures. Le même jour, à quatre heures du soir, l'altitude ayant été portée à $72^m,70$, le débit se réduisit à 4170 mètres et, plus tard, se releva progressivement, de façon à atteindre le 31 le volume de 8200 mètres cubes qu'il a conservé. D'après une relation établie par Darcy, l'altitude où l'eau de Passy n'aurait plus la force de couler est de 128 mètres; c'est ce que Belgrand a appelé le *point hydrostatique*. Or, l'altitude des localités où se font les infiltrations d'eau pluviale, dans les grès verts, diffère très peu de cette cote 128 mètres.

Le forage d'un puits artésien a donc pour effet de réduire considérablement, non seulement le débit, mais aussi la hauteur du point hydrostatique [2].

[1] Belgrand. *Eaux nouvelles*, p. 502.
[2] Et sans qu'il y ait eu changement de niveau, on a constaté dans le débit des puits

Le percement sous la Manche des galeries d'exploration du tunnel anglo-français a donné lieu à des observations du même genre. Il est d'abord à remarquer qu'en général l'eau salée ne s'infiltre pas profondément dans les roches sous-marines : les nappes aquifères de celles-ci sont essentiellement douces. Cela résulte du courant d'eau douce dont la pente, allant de l'intérieur du continent vers la mer, refoule l'accès de l'eau salée. Dans la galerie qui a été percée sous la mer, les sources principales étaient douces, l'eau salée n'y affluant que très faiblement, sans doute par des diaclases partant du fond. Dans la galerie pratiquée à partir de San-gatte, le maximum de venue, à l'heure de la haute mer, était de 2100 litres à la minute et le minimum à la basse mer de 1906 litres. L'action des marées sur les venues d'eau de la galerie sous-marine était pour ainsi dire instantanée.

Quoique d'une toute autre nature, les oscillations des eaux souterraines des mines de lignite de Dux, en Bohême, peuvent être mentionnées. Le 10 février 1879, les travaux d'exploitation furent partiellement noyés aux dépens de la principale source thermale de Teplitz, située dans le voisinage, et qui avait momentanément tari, à la consternation des habitants. Dans plusieurs puits de Dux, l'eau s'éleva sur des hauteurs dont l'eau atteignait 59 mètres, menaçant de faire éruption. Elle parut jaillir d'une fissure du porphyre et avait un volume qu'on a évalué à 800 000 mètres cubes. M. l'ingénieur Klönne y a signalé un mouvement de flux et de reflux que M. Guilio Grablowitz, d'après leur concordance avec les mouvements luni-solaires, a cru pouvoir expliquer par l'attraction directe du soleil et de la lune sur la partie solide de la terre [1].

de Passy et de Grenelle des variations que M. Hervé Mangon a reconnu être en rapport avec la quantité de troubles charriés. Belgrand, *Eaux nouvelles*, p. 305.

[1] Lagrange. *Annales de chimie et de physique*, 1881.

§ 4. — INFLUENCES DIVERSES

A part l'exemple de Sangatte que nous venons de citer, l'influence des marées sur le volume de bien des sources et sur des puits voisins du littoral est bien connue. Elle se fait même sentir sur le débit et le niveau de certains puits arté- siens, comme Arago l'a signalé pour celui de Noyelle-sur-Mer.

On a annoncé une relation entre la pression barométrique et le débit de sources, de puits et de venues d'eau dans les mines.

Quant à l'influence de cette même pression sur les sources poussées par la force de gaz ou de vapeur, elle est évidente à priori, et on peut citer le Stromboli comme un exemple classique de cette relation. D'après M. Meneghini, le régime des soffionis est soumis à la même influence.

L'intermittence des sources, quelle qu'en soit l'origine, est aussi de nature à éclairer le régime des eaux souter- raines. Souvent cette intermittence est due à un simple mécanisme de siphon. Dans d'autres cas se manifeste claire- ment la tension intérieure de l'acide carbonique, auquel l'eau est associée souterrainement, comme Noeggerath l'a signalé lors du forage de Neuenahr.

La vapeur d'eau détermine aussi des phénomènes d'inter- mittence rappelant ceux qu'elle produit sur les geysers. C'est ce que l'on voit dans un certain nombre de sources à peu près bouillantes, qui projettent de temps à autre des colonnes d'eau. Il y en a de telles dans le sud de la Califor- nie et dans le Nevada. On en connaît dans le Parc national de Yellowstone qui, à des intervalles de 3 à 5 minutes, deviennent explosives et lancent des colonnes de vapeur imprégnées d'hydrogène sulfuré et d'acide carbonique.

Le régime du lac bouillant de la Dominique, dont les projections d'eau sont accompagnées d'un bruit comparé à celui d'une décharge d'artillerie, se rattache au même mécanisme.

La soufrière de Sainte-Lucie, d'une altitude d'environ 1000 mètres, occupe une surface d'environ un hectare, dans laquelle 14 entonnoirs sont dans un état d'ébullition constante et font jaillir l'eau à la hauteur de plus de 4 mètres.

D'après M. Kuwabara, au Japon, dans la province d'Itzu, les sources chaudes d'Atami et environs jaillissent à proximité de trachytes et de conglomérats ponceux. La source principale Ohu est intermittente et fait éruption trois fois par jour, à des intervalles de temps égaux. Immédiatement avant chaque éruption, elle lance avec bruit une grande quantité de vapeur d'eau; puis l'eau jaillit pendant environ 30 minutes. Ces sources sont situées à 30 mètres seulement au-dessus du niveau de la mer et paraissent par leur composition dériver de l'eau de l'Océan.

Dans la même catégorie, on peut encore citer les jets d'eau bouillante dits Aguas Calientes, près San Luis Potosi, au Mexique; le volcan dit Agua, dans le Guatemala, et, d'après M. Medlicott, le volcan de boue de l'île Ramri, sur la côte de l'Arakan.

Très fréquemment, les tremblements de terre apportent une perturbation parfois très grande, mais en général momentanée, dans le régime, la température, et la composition des sources. Tantôt elles diminuent ou tarissent, tantôt elles deviennent plus abondantes, tantôt enfin il se forme des sources nouvelles, accompagnées assez souvent de sables et de boues, ainsi que de vapeurs et de gaz. On conçoit que les réservoirs souterrains, comprimés par les secousses, jaillissent au dehors. Lors du tremblement de terre d'Agram de 1880, il se produisit, d'après M. Hantke, à Reznick, une crevasse d'où il sortit de la boue qui s'accumula autour des ouvertures ou petits cônes cratériformes, rappelant les volcans de boue. Le tremblement de terre de Toscane du 14 juillet 1846 provoqua des jets d'eau bourbeuse et bouillante à Lorenzo et à Taina.

Dans la série très intéressante des observations faites chaque jour sur les trépidations du sol, en de nombreux points de l'Italie et de la Sicile, M. de Rossi a signalé souvent des changements de niveau dans les eaux des puits et des sources, suivant lui en rapport avec les mouvements seismiques.

DEUXIÈME PARTIE

ORIGINE DE LA TEMPÉRATURE DES EAUX SOUTERRAINES

INTRODUCTION

Aristote, le premier, a voulu expliquer l'origine de la chaleur des eaux, par la chaleur solaire qui, dit-il, pénètre dans l'intérieur du globe et s'y fixe comme au foyer d'une lentille. C'est cette chaleur, ainsi accumulée incessamment, que les sources situées dans les couches profondes absorbent, pour l'abandonner ensuite, du moins en partie, lorsqu'elles arrivent à la surface du sol. L'opinion d'Aristote a trouvé de fermes soutiens dans Thermopylus et quelques autres philosophes anciens[1].

On admit ensuite que le calorique des eaux avait son point de départ dans les foyers souterrains, qui, dans des conditions spéciales, produisent les volcans ; tel était l'avis d'Empédocle, de Sénèque, d'Apulée, d'Agricola. Mileus a fait jouer aux vents, qu'il disait exister dans le centre du globe, un rôle analogue à celui qui, dans l'air ambiant, forme la pluie et l'eau solide. Pour ce philosophe, les vents en s'entre-

---

[1] Durand-Fardel. *Dictionnaire des eaux minérales* (1860).

choquant avec impétuosité, produisent assez de chaleur pour échauffer les eaux qu'ils rencontrent.

On a pensé aussi qu'un feu souterrain était entretenu par certains corps, comme la houille, le bitume et le soufre. Cette idée a été reprise beaucoup plus tard par Rouelle, de Saussure et Thilorier.

Fabas pensait que les montagnes sont douées d'une puissance d'absorption extraordinaire et qu'elles pompent en quelque sorte, en même temps que l'air et l'eau, le calorique de l'atmosphère. C'est cette chaleur qui en circulant dans les fentes des roches se propagerait dans les montagnes. Poursuivant cette idée, Witting évalue que cette puissance absorbante s'exerce jusqu'à une profondeur de 20 milles géographiques et qu'alors les fluides « sont convertis en liquide, et que la compression qui en résulte dégage du calorique absorbé par l'eau ».

En traitant de la question des eaux thermales, le célèbre dominicain du treizième siècle, Albert le Grand, prétend que les courants aqueux souterrains sont échauffés par la chaleur interne du globe ; cette théorie reprise par Descartes, à été définitivement consacrée par les travaux des géologues modernes.

Considérant la terre, ainsi que les autres corps opaques connus sous le nom de planètes, comme des astres refroidis à leur surface et enveloppés d'une croûte solide, Descartes pensa que les eaux de la surface pénètrent par des conduits souterrains jusqu'au-dessous des montagnes, d'où la chaleur intérieure les élève comme une vapeur vers leurs sommets. Dans cette position elles reprennent la forme liquide et jaillissent partout où le sol le permet.

Laplace[1], de son côté, n'est pas moins explicite. Voici

_____

[1] *Annales de chimie et de physique*, 1820, t. XIII, p. 412.

comment il s'exprime à cet égard : « Si l'on conçoit que
les eaux pluviales, en pénétrant dans l'intérieur d'un
plateau élevé, rencontrent dans leur mouvement une
cavité à 3000 mètres de profondeur, elles la rempliront
d'abord, ensuite acquerront à cette profondeur une chaleur de 100° au moins, et, devenues par là plus légères,
elles s'élèveront et seront remplacées par des eaux supérieures; en sorte qu'il s'établira deux courants d'eau, l'un
montant, l'autre descendant, perpétuellement entretenus
par la chaleur intérieure de la terre. Ces eaux, en sortant
de la partie inférieure du plateau, auront évidemment
une chaleur bien supérieure à celle de l'air au point de
leur sortie. »

On a aussi imaginé que les roches seraient disposées dans
la profondeur du globe, de manière à produire des couples
voltaïques et une action électro-motrice, cause de la chaleur, ainsi que de la minéralisation.

Depuis que des mesures ont démontré un accroissement
de température avec la profondeur, l'excès thermométrique
que certaines eaux acquièrent dans leur trajet souterrain
devient facile à comprendre.

CHAPITRE PREMIER

ORIGINE DE LA TEMPÉRATURE DES SOURCES ORDINAIRES

Les oscillations de température annuelle deviennent à peu près insensibles à une très faible profondeur, qui à Paris est d'environ 25 mètres : les sources dont l'alimentation se fait plus bas que cette *couche invariable* prennent une température à peu près constante.

CHAPITRE II

La notion d'accroissement de température avec la profondeur résulte de mesures très nombreuses, qui ont été prises
au sein des roches mêmes, et dans les contrées les plus
diverses du globe. La plupart de ces mesures ont été obtenues
dans les mines, avec des précautions destinées à écarter
plusieurs causes d'erreur, qui pendant longtemps avaient
fait douter de la réalité de l'accroissement.

Comme exemple des documents fournis par les travaux de
mines, on peut citer ceux que Reich a obtenus dans les mines
de la Saxe. Quarante-cinq thermomètres à alcool avaient été
placés dans vingt-six mines, à divers niveaux, jusqu'à la profondeur de 386 mètres. Chaque thermomètre était observé
plusieurs fois par mois, pendant une année et demie,
de 1829 à 1831. La moyenne de ces mesures a donné un
accroissement de $1°$ par $41^m,84$ d'approfondissement.

Les grands percements de montagnes qui ont été exécutés
dans ces derniers temps, ont fourni des documents parti-

culièrement intéressants, en ce qui concerne la température du sol et des eaux. Le tunnel du mont Cenis passe à 1600 mètres au-dessous de la cime, qui s'élève à 2905 mètres d'altitude. M. Giordano[1] a observé dans la partie centrale 29°,5, tandis que la température moyenne du sommet serait seulement d'environ 2°,6.

Lors de l'exécution du tunnel du Saint-Gothard, M. le Dr Stapff, qui a relevé avec le plus grand soin les températures de la roche en de très nombreux points, a résumé ses observations par la figure 17. On voit facilement pourquoi beaucoup d'infiltrations étaient thermales; entre les profils 5200 et 5950, elles attèignaient 25,°7, 26°,8 et 28°,2.

L'épaisseur moyenne du massif au-dessus de la galerie est, sur ce dernier point, 1010 mètres et l'altitude du terrain, à ciel ouvert de 2151 mètres. La température de la roche et de l'eau calculée sur ces chiffres, pour le tronçon dont il s'agit, serait de 23°,8.

De leur côté les puits artésiens apportent des données utiles à la question qui nous occupe.

Le puits de Grenelle à Paris, dont la profondeur est de 548 mètres, fournit de l'eau à 27°,4[2]. Cette température que l'on mesure de temps à autre est restée depuis nombre d'années absolument constante.

Lors du forage de ce puits la roche marquait à la profondeur de 400 mètres 23°,75; à 505 mètres 26°,43. D'après l'accroissement de 1° par 31[m],9 qui en résulte, le thermomètre devrait marquer à 548 mètres 27°,76. La légère différence avec le chiffre observé 27°,4, s'explique par le refroidissement de l'eau au contact des roches qu'elle traverse.

Pour le puits de Passy, à l'époque à laquelle les eaux ont

[1] Revue de géologie, t. IX, p. 158.
[2] D'après les documents fournis par Belgrand et M. l'Inspecteur général Huet.

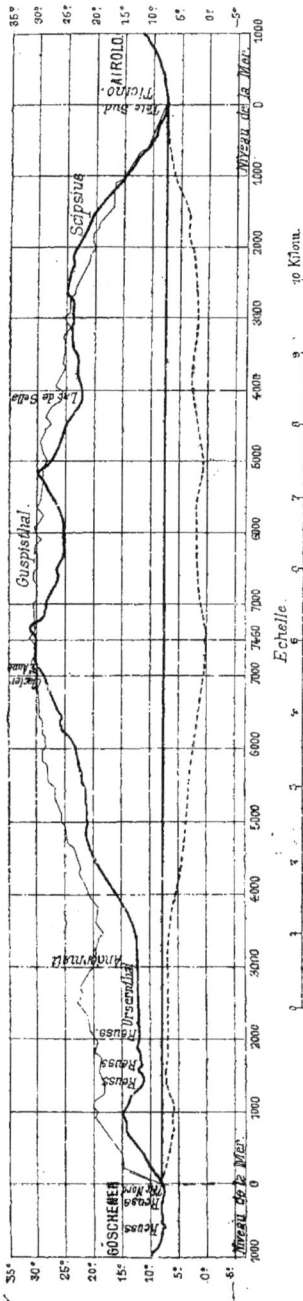

Fig. 17. — Répartition de la température dans le grand tunnel du Saint-Gothard. La ligne forte allant de Goschenen à Airolo représente le tunnel. La ligne fine représente le relief du sol. La ligne sinueuse forte représente la température de la roche dans la galerie de direction. La ligne ponctuée correspond à la température moyenne du sol à ciel ouvert. Les chiffres indiqués sur les deux côtés donnent les températures et les chiffres placés en bas, les distances horizontales. — D'après M. le docteur Stapff.

commencé à jaillir, et pendant deux ans environ[1], des constatations hebdomadaires ont donné un chiffre constant de 28° à la colonne ascensionnelle. La vitesse d'ascension de ce grand volume d'eau, au travers de roches peu conductrices, le préserve d'une perte notable de chaleur.

Il jaillit d'un sondage exécuté à Mondorf, grand-duché de Luxembourg, et d'une profondeur de 671 mètres, une eau minéralisée, à une température de 34°, ce qui correspond à un accroissement moyen de 1° par 29^m,60.

Un sondage exécuté dans la cour de l'hôpital maritime de Rochefort, a rencontré deux nappes d'eau jaillissante, dont l'une à 816 mètres avec une température de 42°[2].

Comme dernier exemple, nous signalerons un forage établi à Louisville (Kentucky), qui atteignit à 636 mètres une eau jaillissante, ayant au fond du puits 28°,06; la température moyenne du lieu étant de 11°,7, l'accroissement moyen est de 1° par 30 mètres.

Dans le cercle de Minden, près des bains d'Oeyenhausen, un forage de 696 mètres de profondeur a fourni une eau saline riche en acide carbonique, qui alimente les bains de cette localité et marque 33°.

Pour un même lieu et pour une même verticale, la température de l'eau jaillissante est d'autant plus élevée que la nappe dont elle provient est plus profonde.

La plupart des mesures qui viennent d'être signalées, tant pour les roches que pour les eaux artésiennes, donnent, comme beaucoup d'autres, un accroissement qui se rapproche de 1° par 30 mètres et qui peut être plus faible, comme dans l'Erzgebirge de la Saxe.

[1] Depuis 1866, la colonne ascensionnelle de ce puits a été fermée par une plaque pleine et les eaux ont été dirigées par une conduite vers les lacs du bois de Boulogne, où elles se déversent. Il n'est donc plus possible d'en constater exactement la température.

[2] Roux. *Comptes rendus*, t. LXXIII, p. 910, 1871.

Il est des cas où la température prise sur des roches donne un accroissement plus rapide. Aux mines de Monte-Massi en Toscane, on a constaté 1° par 13 mètres.

De même dans certains cas, la température des eaux que font jaillir les forages peut être beaucoup plus élevée que ne le ferait prévoir la profondeur qui les fournit.

Ainsi des sondages exécutés à Nauheim en Westphalie de 1816 à 1858 ont rencontré, de 60 à 80 mètres, de l'eau salée, chargée d'acide carbonique, dont la température était de 36 à 40°.

Le forage exécuté à Montrond (Loire) dont il a été question plus haut, a fourni, dès la profondeur de 180 mètres, de l'eau jaillissante à 28°.

Près de Brüx, en Bohême, on a atteint, en 1877, à 127 mètres de profondeur, une eau chargée d'acide carbonique qui a jailli au-dessus du sol, avec une température de 27°,75.

Enfin un forage exécuté à Buda-Pesth de 1868 à 1878 est parvenu à la profondeur de 970 mètres. Il a donné de l'eau minérale jaillissante dont la température marquait :

A 930m	43,35
937.	65,87
945.	71
970.	74

Ce qui correspond à un accroissement moyen de 1° par 12m,61 qui est exceptionnellement rapide.

CHAPITRE III

RÉSERVOIRS D'EAU CHAUDE QUE RÉVÈLENT LES SONDAGES ARTÉSIENS, AINSI QUE LES TREMBLEMENTS DE TERRE

A part les eaux thermales qui jaillissent du sol, soit naturellement, soit artificiellement, il en existe qui séjournent dans les profondeurs.

C'est ainsi que dans le bassin de Paris, une vaste nappe d'eau thermale à 28° a été révélée par les ruisseaux d'eau tiède qui jaillissent des forages de Grenelle et de Passy. Jusqu'alors, des considérations théoriques seules pouvaient en faire supposer l'existence. Il est très possible, si ce n'est probable, qu'il en existe d'autres plus chaudes dans les couches appartenant aux terrains stratifiés sous-jacents, crétacé inférieur, jurassique, triasique ou autres, dont beaucoup sont perméables. Il en est de même dans toutes les régions où les puits artésiens fournissent des eaux chaudes, ainsi que dans bien d'autres contrées qui n'ont pas encore été l'objet de forages.

De même les tremblements de terre, en produisant des crevasses profondes, provoquent, de temps à autre, le jaillissement d'eaux thermales.

Lors du tremblement de terre de la province de Constantine, du 21 août 1856, il est sorti de divers points et avec une violence extraordinaire des eaux dont quelques-unes étaient chaudes. Dans le lit crevassé du Sefsaf, près de Philippeville et dans d'autres cours d'eau, la terre s'entr'ouvrant laissa échapper des masses d'eau si chaudes, que les blanchisseuses furent obligées de quitter précipitamment leur ouvrage. En quelques points l'eau s'élançait jusqu'à $1^m,50$ au-dessus de l'orifice.

Le 25 décembre 1884, à 2 kilomètres des célèbres sources thermales d'Alhama, le tremblement de terre ouvrit une crevasse, d'où surgit une source sulfureuse très considérable, à la température d'environ 40°, accompagnée d'abondantes émanations d'hydrogène sulfuré.

CHAPITRE IV

**PRINCIPALES CONDITIONS DANS LESQUELLES LES EAUX SOU-
TERRAINES ACQUIÈRENT DES TEMPÉRATURES PLUS OU
MOINS ÉLEVÉES.**

§ 1. — PLOIEMENTS ET REDRESSEMENTS DE COUCHES ; LIGNES ANTICLINALES.

Les ploiements et redressements de la stratification forcent
souvent les eaux qui circulent dans les couches perméables,
comprises entre des couches imperméables, à pénétrer plus
ou moins profondément, puis à revenir vers la surface après
s'être notablement échauffées. Les lignes anticlinales de ces
ploiements, par suite des fractures qu'elles présentent, sont
éminemment favorables à ces retours à la surface.

C'est ainsi que paraît s'expliquer la thermalité des eaux de
la province de Constantine, particulièrement dans le
région saharienne. Aux nombreux exemples qui ont été
signalés plus haut (t. I, p. 167 à 184), nous ajouterons
quelques observations.

Les sources considérables qui émergent dans le terrain
saharien du Zab occidental ne peuvent être fournies par les
eaux de pluie qui tombent dans l'espace très restreint com-

pris entre les bouillons de ces sources et le pied des montagnes crétacées qui limitent au nord le bassin saharien[1]. La quantité de pluie qui y tombe annuellement est en effet très faible et le bassin hydrographique qui la reçoit est tout à fait insignifiant.

La température élevée de certaines sources sortant du terrain saharien montre qu'elles viennent d'une assez grande profondeur. Leur alimentation est assurée par des nappes abondantes subordonnées aux divers étages du terrain crétacé, nappes dont les unes arrivent directement jusqu'au jour, et dont les autres passent souterrainement du terrain crétacé dans le terrain saharien.

C'est de gouffres situés dans le lit même de la rivière, en plein terrain tertiaire supérieur, que des sources volumineuses jaillissent à Biskra avec une température de 29°,33[2].

On a supposé à tort qu'elles proviennent des infiltrations supérieures de la rivière à l'aval d'El Outaïa : s'il en était ainsi, leur température ne serait pas aussi élevée.

Il s'agit ici de véritables sources jaillissantes naturelles, qui doivent leur thermalité à la profondeur d'où elles dérivent : leur point d'émergence est en rapport avec les allures des couches qui sont pliées, de manière à former une cuvette dont le thalweg se relève à partir de Biskra vers le N. E.

Dans les puits artésiens de la province de Constantine, les eaux jaillissantes ont souvent présenté des températures comparativement très élevées. Rapprochées des profondeurs où la sonde les a rencontrées, elles conduiraient, si l'on n'a pas affaire à des eaux thermales venant de plus bas, à des

---

[1] Ville. *Bulletin de la Société géologique de France*, 2e série, t. XXII, p. 113.
[2] On a vu plus haut que la température moyenne de Biskra est de 22°,9.

taux d'accroissement exceptionnellement rapides. C'est ainsi que pour beaucoup, cet accroissement serait supérieur à $1°$ par 15 mètres : $1°$ par $7^m,60$ dans l'oasis d'Ourir (sondage n° 1) ; $1°$ par 6 mètres à Koudiat Sidi Iahia (sondage n° 3), et à El Amri, oasis de Zab Dahari (sondage n° 1) ; $1°$ Par $5^m,6$ à G'hamra (Oued Rir) sondage n° 6 ; $1°$ par 5 mètres à Mraïer (sondage n° 9) et à Ourläna (sondage n° 3) ; $3^m,15$, 3 mètres et même de $2^m,40$ dans les sondages n° 3, n° 4 et n° 2 d'El Amri, région du Ras El Ain Dahraoui.

Mais ce n'est pas à de tels accroissements dans la température des roches qu'est due la thermalité de ces eaux jaillissantes, tant naturelles qu'artificielles. Cette circonstance paraît tenir à ce que, comme on vient de le voir, les nappes qui les alimentent proviennent de régions lointaines et que les couches entre lesquelles elles sont comprises, les ont préalablement forcées à descendre à des profondeurs plus ou moins grandes, à la manière de ce qu'a appris l'expérience des puits de Grenelle et de Passy. Toutefois, il y a des discordances entre les résultats correspondants à une même profondeur dans des puits différents. Le fait peut être dû, à part les erreurs d'observation, à ce que des nappes de divers niveaux superposés s'épancheraient et se mélangeraient les unes les autres.

Dans le département du Gers plusieurs sources thermales sortent au milieu de couches tertiaires horizontales. Ce sont celles de Barbotan, commune de Cazaubon, dont la température atteint $35°$, et celles du groupe de Castera, de Masca et de Lavardens, d'une température de $25°$. Bien que distantes d'environ 45 kilomètres de la première localité, ces dernières s'y rattachent par les circonstances de leur gisement, non moins que par leur composition. Un petit pointement de terrain crétacé supérieur, qui se montre en relation avec elles en explique la formation, ainsi que l'a montré M. Jacquot[1]. Ces mêmes couches affleurent le long de la chaîne des Pyrénées dans des positions redressées. Elles paraissent donner naissance à ces sources thermales, que l'on peut qualifier d'artésiennes.

La source des bains d'Yverdon doit sans doute sa thermalité à une disposition du même genre que montre la coupe (fig. 18). La température de 24° est en excès de 15° sur la température locale.

D'après une communication obligeante qu'il vient de me faire, M. Schardt croit avoir reconnu que plusieurs sources de la colline de Chamblon, qui en est très voisine, présentent aussi des températures plus élevées que les sources ordinaires. La figure expliquerait aussi ce dernier fait.

Dans cette localité trois groupes de sources profondes, bien distinctes des petites sources superficielles, se

[1] *Comptes rendus*, t. LX. p. 967, 1865.

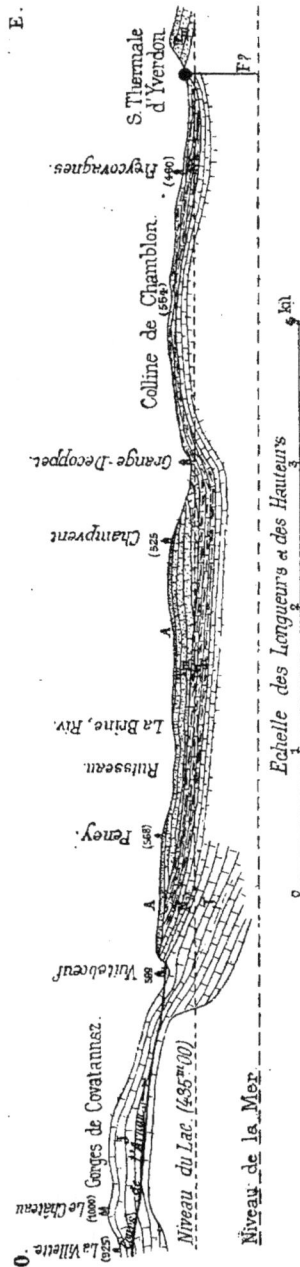

Fig. 18. — Colline de Chomblon formant un îlot néocomien d'où sortent plusieurs groupes de sources en parties thermales. J, terrain jurassique supérieure; N₀, terrain valangien; Nₐ, marnes d'Hauterive; Tₘ, molasse; A, diluvium. — D'après M. le professeur Rennevier.

trouvent, sur les versants occidental et septentrional, le long d'une zone de dislocation très prononcée des couches néocomiennes, laquelle est marquée par un redressement très fort, ainsi que par une faille bien évidente, à l'altitude de 440 mètres. Le groupe le plus important est celui du Moulinet, sur le flanc ouest. Il est formé par six sources toujours abondantes jaillissant au-dessus du sol avec une température moyenne de 9°,9. A un kilomètre au sud se trouve la source de la grange Décoppet, également très

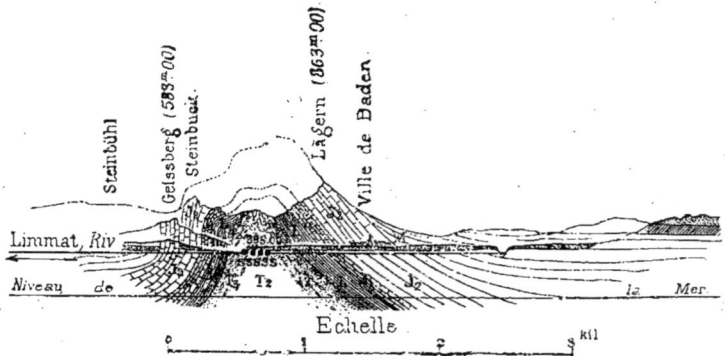

Fig. 19 — Courbure anticlinale d'où jaillissent les sources thermales de Baden en Argovie. T$_2$, muschelkalk supposé; T$_3$, (keuper, grès, argiles bigarrées et gypse) perméable; L, lias (argile noire) perméable; J$_1$, dogger, calcaire ferrugineux perméable; J$_2$, malm (calcaire de Baden) perméable. — M, mollasse. — D'après l'obligeante communication de M. le professeur Albert Heim.

abondante et de la même température, c'est-à-dire à peu près égale à la température moyenne du sol. Des sources de 12°,2 sortent du pied nord de la colline, à la Blancherie. Le groupe le plus intéressant est celui des sources du Moulin Cosseau, qui alimentent maintenant la ville d'Yverdon. Deux d'entre elles distantes de 10 mètres, qui jaillissent d'une faille béante, mettent en contact la marne d'Hauterive et le calcaire valangien inférieur; l'une et l'autre marquent 14°,4 à 14°,6.

Les sources de Baden en Argovie, d'une température

de 46 à 50°, jaillissent dans un chaînon oriental du Jura, au fond de la vallée de la Limmat qui suit une fracture transversale de ce chaînon, et dans des conditions que M. Albert Mousson a très bien fait connaître[1]. La figure 19, que je dois à l'obligeance de M. le professeur Albert Heim présente, sur le premier plan, un profil longitudinal de la Limmat et plus loin un profil transversal de la Lägern. (fig. 20). A 5 kilomètres à l'est des bains, la voûte de la Lägern est complètement fermée, de sorte qu'on ne voit affleurer que le caldaire ferrugineux perméable (dogger). Les sources thermales jaillissent précisément dans une partie restreinte où les

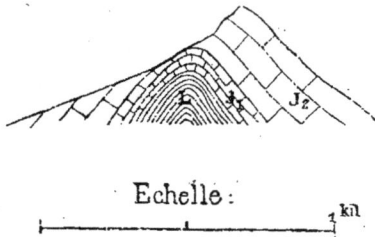

Echelle :

Fig. 20. — Coupe de la Lägern, le long de la Limmat. L, lias; J$_1$, dogger (calcaire ferrugineux perméable; J$_2$, malm (calcaire de Baden) perméable. — D'après M. Albert Heim.

argiles liasiques, qui sont imperméables, ont disparu et où affleure le keuper, en partie perméable, formant une sorte de voûte.

C'est peut-être dans les couches triasiques qui affleurent au nord-ouest de Baden, au sud de la Forêt Noire et à un niveau plus élevé, d'après une coupe donnée par M. Heim[2], que les sources thermales dont il s'agit trouvent leur alimentation.

Il en est probablement de même de la source de Schinznach, qui sort d'une cassure tranversale du même chaînon

---

[1] *Umgebunge von Baden*, 1840.
[2] *Congrès international de Bologne*, pl. IV du travail de ce savant.

Fig. 24. — Coupe des Warmsprings, à la montagne Little North, montrant comment dans trois localités jaillissent des sources thermales, soit à la suite du redressement de couches, soit de lignes anticlinales. I à VI, divers sous-étages du silurien inférieur; VII et VIII, sous-étages du silurien supérieur. D'après William Rogers.

jurassique, à une distance de 8 kilomètres de celle de Baden et dont la température est de 31°,5.

La source thermale de Soultz-les-Bains, en Basse Alsace, jaillit de la partie convexe de couches bombées appartenant au grès bigarré ; sa température est de 16,°2, c'est-à-dire supérieure d'environ 6° à la température ordinaire[1]. Non loin de là, dans la vallée de la Mossig, à la papeterie de Vasselonne, une source surgit dans des conditions analogues avec une température de 17°,5.

Les sources thermales d'Aix-la-Chapelle et de Borcette (Burtscheid) sortent, comme on l'a vu plus haut (T. I, p. 266 et fig. 132) de deux plis anticlinaux du terrain dévonien qui sont parallèles entre eux. Leur température atteint 72°,8.

Il en est de même d'Ems (T. I, p. 267 et fig. 133) dont la température s'élève à 47°,5 ; il faut toutefois ajouter, pour cette dernière localité, que le basalte pointe à 2 kilomètres au nord-est des sources.

Dans la chaîne des Apalaches et l'État de Virginie, il existe 56 sources thermales réparties dans 25 localités Leur température atteint 42°. 46 de ces sources sont situées sur des axes

[1] Daubrée. *Description géologique du Bas-Rhin*, p. 365.

anticlinaux, ou tout à côté de ces axes, ainsi que l'ont appris les belles observations de William Rogers [1]. Les

Fig. 22. — Coupe montrant comment les Hotsprings jaillisent d'un bombement anticlinal. I à VI, divers sous-étages du silurien inférieur; VII et VIII, sous-étages du silurien supérieur. — D'après William Roggers.

figures 21, 22, 23 et 24 montrent bien ces faits.

D'après M. Abich [2] les sources thermales dans le Gougourt

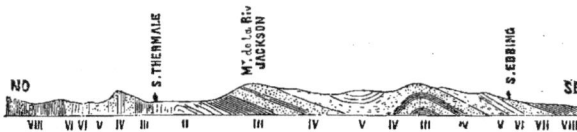

Fig. 23. — Coupe passant par les sources Gap et Ebbing, montrant comment la première jaillit d'un bombement anticlinal et la seconde d'un redressement. I à VI, divers sous-étages du silurien inférieur. — D'après William Roggers.

Tau, entre Petrowsk et Paraul, au nord du Daghestan, ont une température de 34°.5 Elles apparaissent au centre même

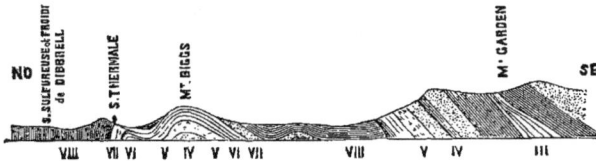

Fig. 24. — Coupe passant par les sources thermales de Wilson et à travers la montagne Garden, montrant comment les sources jaillissent sur le dos d'une inflexion anticlinale; I à VI, divers sous-étages du silurien inférieur; VII et VIII, sous-étages appartenant au silurien supérieur. — D'après William Roggers.

d'un bombement elliptique (fig. 25), dont le fond est occupé par le terrain crétacé et les bords formés par des grès tertiaires. C'est encore une sorte de puits artésien naturel.

[1] *Association of american geologists.* Boston, 1843.
[2] *Thermalquelle in den kaukasischen Ländern.* Tiflis, 1865.

Des divers exemples qui précèdent, on peut rapprocher celui que fournissent les sources thermales de Staniza Michaï-

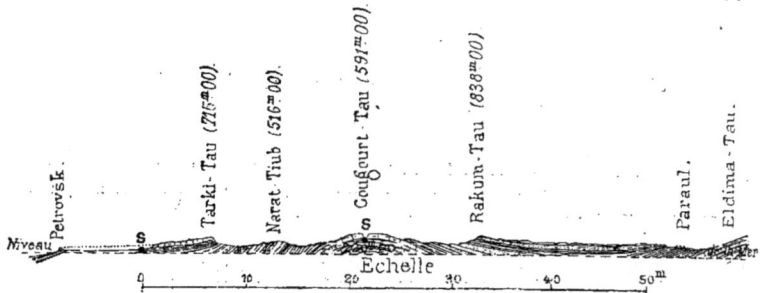

Fig. 25. — Coupe montrant comment dans le Daghestan une source thermale jaillit au milieu d'un bombement de terrain crétacé. — D'après M. Abich.

low, dans la province caucasienne[1]. Ici les couches, quoique tertiaires, sont redressées à 87°, c'est-à-dire presque verti-

Fig. 26. — Source thermale près Staniza-Michailow, province caucasienne. a, grès blanc imprégné çà et là d'une matière charbonneuse ; b, grès décomposé renfermant de l'alun de fer et du soufre natif ; c, grès schisteux avec pyrite de fer disséminée ; d, schiste argileux aussi avec pyrite ; e, grès ; f, marne schisteuse ; g, grès analogue à C. — D'après M. Abich.

calement, ainsi que le montre la figure 26, empruntée à M. Abich ; leur température est de 71°,25.

§ 2. — FAILLES OU PARACLASES.

Dans bien des cas les failles ou paraclases, avec leur profondeur indéfinie, servent tout naturellement de canaux de

---

[1] *Mémoire précité*, p. 3 et 4.

remonte aux sources thermales. C'est ce qui ressort des exemples qui suivent.

Près de Châtenois, en Basse Alsace, des sources faiblement thermales (18°) jaillissent au milieu de graviers et de sables, du pied de la montagne dite Hahnenberg, dont la base est formée de granite, et de la faille même qui, limitant cette roche, sépare la chaîne des Vosges de la plaine.

De l'autre côté de cette plaine, dans le grand-duché de Bade, les sources thermales d'Erlenbad et de la Hube, dont les températures sont de 21° et de 28°, sortent de la faille qui sépare les roches anciennes de la Forêt Noire des roches stratifiées superposées à celles-ci.

Il en est de même pour la source thermale de Saeckingen, également à 28° et placée à la limite méridionale de la Forêt Noire, sur une faille qui a juxtaposé le granite au grès bigarré.

Dans la partie occidentale de la chaîne des Vosges, on peut citer aussi, à 6 kilomètres de Bains, Fontaines-Chaudes, où une source abondante sort avec une température de 21°4 d'une faille, dont le bord occidental, fortement relevé, montre en saillie le grès des Vosges et le grès bigarré.

Comme on l'a vu (T. I p. 251 et fig. 117 et 118) les sources thermales de Bourbonne-les-Bains jaillissent, dans une dislocation qui se rattache à la chaîne des Vosges, d'une faille bien accusée. Leur température atteint 68°.

En Auvergne les sources thermales, bien que liées aux roches volcaniques anciennes, arrivent souvent au jour par des failles. Telles sont celles de Royat, sur la grande cassure séparant le granite de l'arkose, et celles de Chatelguyon également sur la limite occidentale de la Limagne.

Les sources des Eaux-Chaudes (Basses-Pyrénées) se présentent dans la syénite, roche qui occupe le fond de la vallée du gave d'Ossau à partir de l'établissement thermal, en se rattachant du côté du sud au massif granitique des environs de Gabasqui (fig. 27).

Comme l'indique le plan, le terrain granitique projette vers le nord une bande étroite et allongée qui se termine à quelques mètres seulement au delà de l'établissement, et c'est sur cette bande granitique que reposent, à l'est et à

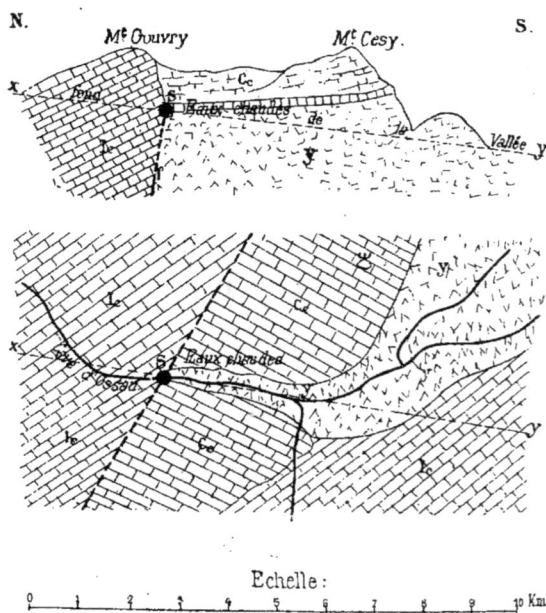

Fig. 27. — Coupe et plan montrant les conditions géologiques dans lesquelles jaillissent les sources S des Eaux-Chaudes. y, granite ; I, calcaire de transition laminé, calcschistes et schistes argileux ; Cc, calcaire crétacé; ω, ophite de Cesy; f f, faille. — D'après M. Genreau.

l'ouest, les escarpements calcaires abrupts qui dominent la station thermale. Les sources dites le Clot, l'Esquirette tempérée, l'Esquirette chaude et le Rey, jalonnent très nettement une ligne parallèle au cours du gave, dans la traversée des Eaux-Chaudes[1]. Il est à remarquer que la

---

[1] D'après l'obligeante communication de M. Genreau.

thermalité des sources de 10°,5 à 36°,4 est d'autant plus élevée que les griffons sont plus au nord, et plus rapprochés, par conséquent, de cette faille transversale séparant le terrain granitique et le terrain crétacé, des calcaires de transition de Gourzy. La source du Clot est la plus chaude de toutes et celle de Minvielle, qui est la plus méridionale, la plus froide. Cette observation ferait présumer que les fissures parallèles à la vallée, sur lesquelles se jalonnent les griffons, ne sont guère que des ramifications latérales d'une fracture beaucoup plus importante, masquée par les éboulis du Gourzy, et dans le voisinage de laquelle des recherches pourraient amener la découverte de nouvelles sources. La vallée est d'ailleurs un type de fracture des mieux caractérisés, comparable à la Via-Mala près de Splügen.

Ainsi que M. Lory l'a reconnu dans le Briançonnais, on voit sortir d'une même faille : les belles sources thermales du Monestier de Briançon, celles de Brides et de Salins près Moutiers. Celles d'Arbonne et celles du Pré Saint-Didier, vallée d'Aoste, sont sur le même alignement.

Quant aux sources minérales de l'Echaillon, Saint-Jean de Maurienne, du col de la Seigne et de la Saxe, à Courmayeur, elles sont situées sur une faille toute différente, s'étendant sur plus de 260 kilomètres, depuis le Briançonnais jusqu'en Valais; car les sources thermales de Saxon lui appartiennent; peut-être aussi celles de Louèche.

Il en est de même, d'après ce savant géologue, des sources thermales de Lamotte-les-Bains qui jaillissent dans la gorge du Drac, de la lèvre inférieure d'une grande faille dirigée nord-sud et passant près du Château de Lamotte.

Gréoulx, Basses-Alpes, dont la température est de 38°, sort aussi d'une grande faille[1].

[1] Voir aussi une note de M. Léon Lévy. *Comptes rendus*, t. XC; p. 628. 1880.

La faille terminale des Alpes autrichiennes, non loin de Vienne, donne passage à un groupe de sources thermales échelonnées entre Wirflach et Fischau, sur une longueur d'environ 11 kilomètres. Cette faille est représentée, tome I, en plan et en coupe par les figures 125, 126 et 127, page 260 et 261. Baden est le point le plus remarquable de cette ligne thermale. Ses sources dont la température atteint 34°,9 sortent dans le thalweg de la vallée et précisément à l'intersection de la faille principale avec d'autres cassures. Les sources de Modling ou Mödling ont 24°; celles de Fischau 20° et de Vöslau 23°.

Si l'on jette un coup d'œil sur la carte géologique d'une partie des bords de la mer Morte, on est frappé, dit M. Louis Lartet, du nombre des sources thermales et de leur alignement remarquable, le long de la faille principale du bassin de la mer Morte[1]. Toutefois, il convient d'ajouter, comme on vient de le voir pour l'Auvergne, que ces mêmes sources sont en relation avec des pointements basaltiques.

Dans les Apalaches de la Virginie, outre les nombreuses sources qui jaillissent d'axes anticlinaux, il en est qui sortent de lignes de failles ou à proximité.

Aux exemples naturels qui viennent d'être signalés, on peut ajouter un fait, dont la connaissance est due à des travaux de mines.

Le 30 avril 1882, les eaux ont fait irruption dans la fosse n°,6 de Douvrin, de la Compagnie des mines de Lens, Pas-de-Calais (voir plus haut, p. 144, fig. 16). Leur invasion est due à la rencontre d'une faille par une galerie g, à proximité du calcaire carbonifère c. Charriant avec elle des boues et des débris, une masse d'eau se précipita par cette faille, avec une rapidité telle que les ouvriers n'eurent que

[1] De Luynes. *Voyage à la mer Morte*, t. III, p. 105.

le temps de se sauver et que les chantiers durent être abandonnés. Un obstacle naturel qui avait arrêté les eaux venait de se briser sous leur énorme pression. Au dire des ouvriers, elles devaient être à une température de 20 ou 25° et répandaient une odeur sulfureuse bien prononcée. En même temps, tout près de là, à la fosse n° 2 de Meurchin, le niveau habituel, qui est à 24 mètres au-dessus du niveau de la mer, baissa régulièrement jusqu'au 9 mai de 9^m,57.

§ 3. — FILONS MÉTALLIFÈRES.

L'étude du régime des eaux nous a donné l'occasion de signaler (tome I, p. 280 à 289) la situation sur des filons métallifères des sources thermales de Plombières, de La Malou, de Néris, de Bourbon-Lancy, de Sylvanès, de Trébas, de Balaruc, de Badenweiler, de Kautenbach, de Freyberg, de Carlsbad, de la Tolfa, et de Hammam-Rhira en Algérie.

Dans ce dernier pays on pourrait citer également celles de Guelma[1] qui ont 32°, à proximité des filons de plomb; celle qui jaillit à Milianah d'un filon de cuivre pyriteux très récent, puisqu'il coupe le terrain tertiaire moyen[2]; celles de Hammam-N'baïls, province de Constantine, sortant du terrain crétacé, à côté du gîte de zinc auquel elle a donné son nom[3].

Parmi les nombreuses failles qui traversent les contreforts du Morvan, il en est une qui termine le massif vers l'ouest, en faisant buter le terrain jurassique inférieur contre les

---

[1] Fournel, t. I, p. 187.
[2] Ville. *Notice sur les provinces d'Oran et d'Alger*, p. 193.
[3] *Annales des mines*, 6° série, t. XX, p. 24.

terrains porphyriques. Elle donne passage aux sources de Saint-Honoré, à son intersection avec un filon de porphyre (figure 28), et sur le prolongement des filons barytiques et

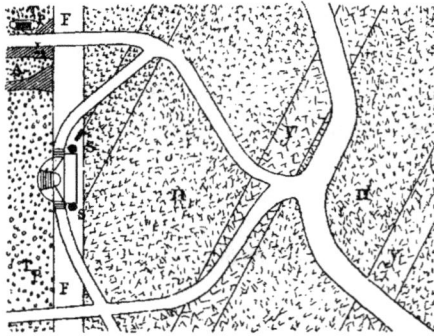

Fig. 28. — Plan des sources thermales S S de Saint-Honoré (Nièvre). *y*, granite; π, filons de porphyre ; Tp, terrain tertiaire supérieur; A, alluvions; F F, faille thermale. — D'après M. Vélain.

fluorés du Vernay. On trouve en effet de nombreuses veinules pyriteuses avec quartz corné dans le porphyre de

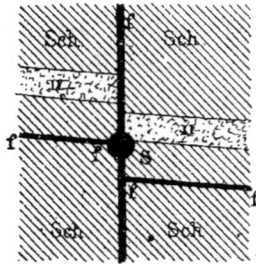

Fig. 29.— Source thermale S rencontrée dans la mine de Huel-Seton, en Cornouailles. Sch, schistes dits *killas;* π, dyke de porphyre ; f f, filon métallifère coupé et rejeté par le filon f f. — D'après M. Arthur Phillips.

l'établissement, et de la fluorine derrière les bains, au pied même de l'escarpement[1].

[1] Vélain. *Bulletin de la Société géologique*, 3e série, t. VII.

En Cornouailles, les travaux exécutés à la mine de Huel-Seton, près Camborne, ont fait jaillir à une profondeur de 292 mètres une source thermale à 33° qui profite du

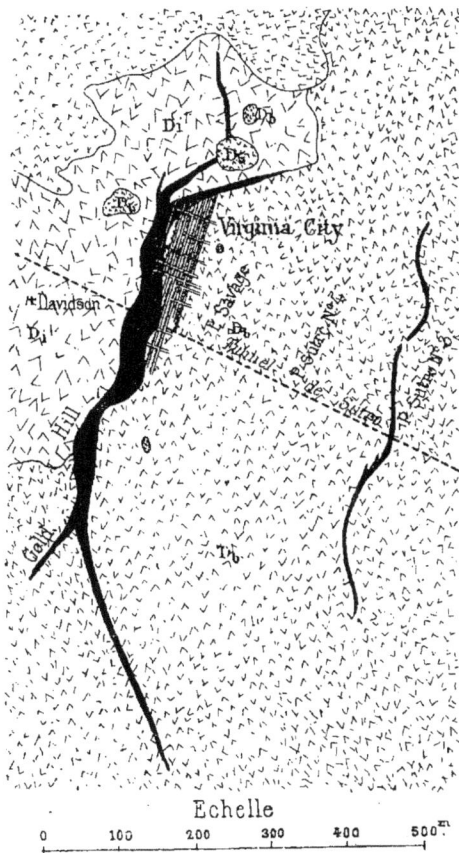

Fig. 30. — Carte représentant le filon de Comstock qui est figuré en noir. D_i, diorite ; D_b, diabase D'après M. Roland Duer Irving.

filon, à un point où il est coupé par un filon croiseur (fig. 29).

Le filon de Comstock, figures 30 et 31, dans l'État de Nevada, est célèbre par l'énorme quantité d'argent et d'or qui en est sortie depuis 1851, époque où il a été attaqué, valeur qui au 30 juin 1880 s'élevait à 1530 millions de francs.

La température des eaux qui affluent dans les travaux a toujours été assez élevée : à la profondeur de 808 mètres elle a atteint 70°. En même temps le volume des eaux devenait extrêmement considérable et s'élevait annuellement à 4 200 000 tonnes[1]. C'est, pour le dire en passant, un grand obstacle à l'exploitation ; car la température de l'air des galeries atteignant 47°, les mineurs ne peuvent y tra-

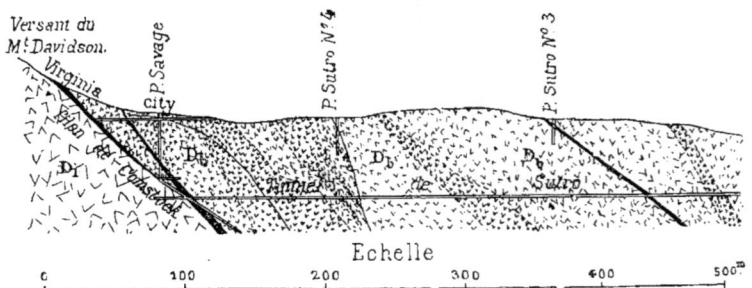

Fig. 31. — Coupe des roches encaissant le filon de Comstock, suivant la direction du tunnel de Sutro. D$_i$, diorite; D$_b$, diabase. — D'après M. Roland Duer Irving.

vailler que peu de temps et moyennant un rafraîchissement artificiel obtenu à l'aide de blocs de glace, ainsi que par une pluie d'eau froide convenablement dirigée. Pour échauffer à partir de la température moyenne du lieu une telle quantité d'eau, ainsi que l'air qui circule dans les galeries, il faudrait, d'après le calcul de M. le professeur Church, de l'Ohio, une quantité totale de 55 560 tonnes de charbon.

On s'est demandé si cette chaleur provenait de l'oxydation de pyrite ou de la kaolinisation de la roche voisine. Il paraît

[1] *Forth Annual report of the United States geological Survey*, 1884, p. 593.
[2] Ouvrage précité, volume de 1879.

très probable qu'elle est empruntée aux roches cristallines adjacentes, d'où l'eau jaillit sous une forte pression, principalement dans la partie orientale du filon. Cette chaleur se rattacherait ainsi à celle des sources bouillantes dites Steamboat, et qui jaillissent à 11 kilomètres de distance.

Les sources de Takanoku, au Japon, dont la température est de 40°, sont intimement associées à des gîtes de cuivre et sortent par des galeries d'exploitation.

§ 4. — CASSURES DIVERSES; POINTEMENTS CUNÉIFORMES.

Des cassures de dispositions très variées peuvent, comme les failles, permettre aux eaux de revenir à la surface, après qu'elles se sont réchauffées dans la profondeur. Nous n'ajouterons qu'un petit nombre d'exemples à ceux qui ont été mentionnés plus haut. Ils sont relatifs, pour la plupart, à un type que l'on peut qualifier de *pointements cunéiformes*, la nature de la roche intercalée pouvant varier beaucoup suivant les cas.

La source thermale de Niederbronn (fig. 32) sort d'un lambeau du grès bigarré qui a été intercalé au milieu du muschelkalk[1]. Dans la ville même, cette intrusion se montre d'une manière d'autant plus frappante que des carrières contiguës et au même niveau sont ouvertes dans chacun de ces deux étages géologiques. La température, qui est de 18°,8, est d'environ 7° plus élevée que celle des sources ordinaires qui sont situées à la même altitude.

Plusieurs localités thermales de cette région correspondent

[1] Daubrée. *Description du Bas-Rhin*, p. 361, 1852.

à des pointements de granite, isolés et de petite dimension, qui apparaissent à la base du grès des Vosges, au fond de vallées dont la fracture originelle paraît se rattacher à ces pointements. Tel est le cas à Plombières, dont il a été question plus haut, parce que les sources profitent en grande partie de filons métallifères pour arriver au jour. A Bains, à 14 kilomètres O.-N.-O. de Plombières, des sources d'une température de 48 à 50°, également utilisées par les Romains, sortent des cassures du grès des Vosges, mais au milieu duquel se trouvent des intrusions de granite, soit dans la vallée du Bagnerot, soit dans celle de Coney.

Non loin de là, des eaux à 23° jaillissent abondamment à

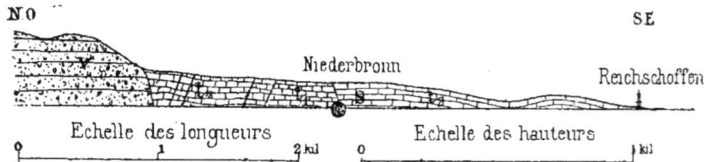

Fig. 52. — Pointement cunéiforme de grès bigarré, d'où jaillit la source thermale S de Niederbronn. V, grès des Vosges ; t₁, grès bigarré ; t₂, muschelkalk.

la Chaudeau, du grès des Vosges, à côté d'un pointement de granite porphyroïde.

Des dispositions toutes semblables se trouvent dans le nord de la Forêt Noire, à Bade, grand-duché de Bade. Au fond d'une vallée qui paraît récente, un lambeau restreint de granite et de gneiss accompagné de terrain carbonifère, a été intercalé à travers le grès rouge (fig. 53). Les fentes et fissures de ces roches forment les canaux des sources thermales, dont la température atteint 67°,5. Elles jaillissent à plus de 30 mètres au-dessus du fond de la vallée, sur une longueur d'environ 200 mètres [1].

De même que les thermes de Wildbad dont il a déjà été

---

[1] Sandberger. *Die Gegend des Baden*, p. 41.

question (t. I, p. 274), les sources tièdes de Liebenzell,
grand-duché de Bade, sont en rapport avec une situation
anormale du granite qui forme un coin de petite dimension
à 1 kilomètre des sources et que des forages ont rencontré
près de celles-ci, à une distance de 50 mètres de la surface.
Ces sources ont des températures de 12°,5 à 18°,7, c'est-à-dire
très notablement supérieures à celle des sources ordinaires
de la contrée, qui est de 10°. La source dite Gute-Brunne, à
5 kilomètres au N.-O. de Liebenzell, atteint 23°,7. Walchner
a justement appelé l'attention sur ces faits.

Les vallées au fond desquelles sortent les diverses sources

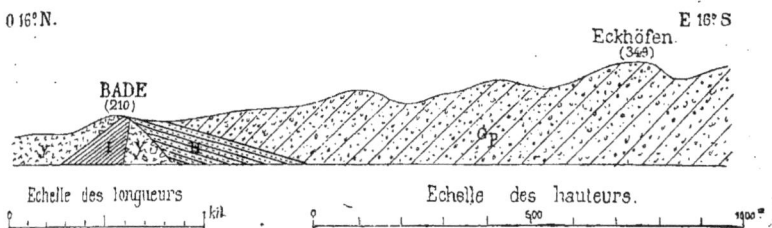

Fig. 33. — Coupe montrant les conditions géologiques dans lesquelles jaillissent les sources
thermales de Bade (grand-duché de Bade). I, schistes de transition ; H, grès houiller ; G, grès
rouge (rothliegende) ; y, granite qui forme un pointement cunéiforme, conjointement avec
les schistes, dans cette partie de la vallée. — D'après M. F. Sandberger.

du nord de la Forêt Noire paraissent, comme celles des Vosges
méridionales, avoir été préparées par des fractures en rapport avec les pointements d'où jaillissent les eaux thermales.

Dans la chaîne des Pyrénées, le granite forme, comme on le
sait, de nombreuses protubérances qui se sont fait jour au
travers de roches stratifiées d'âges divers. C'est surtout sur
la limite terminale de cette roche cristalline et des schistes
anciens que se montrent les sources thermales si nombreuses de cette chaîne. A Bagnères de Luchon, elles
sortent d'une zone d'enchevêtrement de roches granitiques
et de schistes micacés, probablement métamorphiques et

pour la plupart dans ιe granite. Elles jaillissent par une série de lithoclases dirigées en moyenne N. 27° O. C'est dans ce massif que des galeries de captage ont été exécutées avec un développement considérable, de manière à atteindre la plupart des sources à leur point d'émergence. La plus chaude, la source Bayen, a 66°.

Les sources des Eaux Chaudes dont on vient de parler, comme jaillissant d'une faille, méritent d'être mentionnées

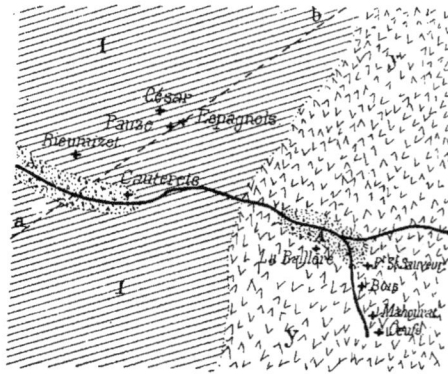

Fig. 34. — Plan des sources de Cauterets. y, granite; I, terrain de transition métamorphique; A, alluvion. La ligne ab est dirigée sud 70° ouest. — D'après une communication obligeante de M. Genreau.

ici, une masse de granite intercalée formant une des parois de cette faille.

A Cauterets (Hautes-Pyrénées)[1] les sources thermales dont la température varie de 43 à 54° se divisent en deux groupes (fig. 54 et 35).

1° Le groupe des sources du sud, comprenant la Raillère, le petit Saint-Sauveur, le Pré, Mauhourat, les Œufs et le Bois. Toutes ces sources jaillissent du terrain granitique. Les travaux faits autrefois à la source de Mauhoura

---

[1] D'après une obligeante communication de M. Genreau, ingénieur en chef des mines.

ont établi que le granite y était recoupé par trois séries de diaclases parallèles.

2° Le groupe des sources de César, de Pauze et des Espagnols, situé au sud-est de Cauterets, sur le versant de la montagne du Bois. Ces sources ont leurs points d'émergence dans le terrain de transition métamorphique, phyllades, calcschistes, etc., qui recouvre le granite de la montagne de Riart. Le terrain de transition, qui est à ciel ouvert sur

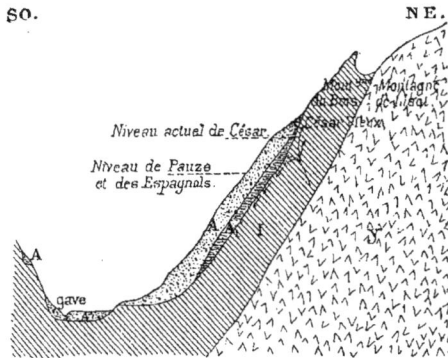

Fig. 35. — Coupe dirigée du N.-E. ou S.-O. au travers des sources de Cauterets. y, granite; I, terrain de transition métamorphique; A, alluvion; A₁, atterrissements cimentés par les eaux minérales. — D'après M. Genreau.

le versant de la montagne du Bois, se cache sous des atterrissements, à la hauteur de César-Vieux. Les suintements des eaux sulfureuses qui s'élèvent de la roche de transition ont cimenté les atterrissements superposés à cette roche et les ont rendus imperméables comme on l'observe, d'après M. François, à l'aval de beaucoup de sources sulfureuses sodiques des Pyrénées. A ce groupe se rattache la source de Rieùmizet.

D'après d'Archiac[1], toutes les sources thermales des Cor-

[1] *Mémoires de la Société géologique*, t. VI, 1856, p. 430.

bières et celles de la vallée de l'Aude, depuis les volumineuses sources d'Alet ou Aleth et de Campagne jusqu'à Ginols dans le bassin de Quilian, comme celles des Bains de Rennes, dans la petite vallée de Sal, sont en rapport avec des dislocations ou des failles traversant des roches secondaires ou tertiaires inférieures et semblent en être la conséquence. En ce qui concerne en particulier les deux sources thermales de Campagne, il n'est pas douteux qu'elles ne soient liées aux dislocations du groupe d'Alet.

En appendice, nous placerons, d'après M. Choffat[1], les nombreuses sources thermales qui, en Portugal, jaillissent au voisinage d'éruptions d'ophite et de teschénite. Elles se présentent dans des vallées anticlinales, bordées presque toujours par des collines appartenant au jurassique supérieur, dont le fond est occupé par des roches rouges à quartz bipyramidé et mica, rappelant les phénomènes dits ophitiques bien connus en Espagne et sur le versant français des Pyrénées.

Parmi les sources sortant de fractures évidentes nous mentionnerons encore celles de Pfeffers ou Pfäffers, près de Ragatz, qui jaillissent au fond de la fracture si sauvage et si imposante où mugit la Tamina. D'après Escher, ces sources sortent de schistes et de calcaires nummulitiques, à la fois par des diaclases que l'œil peut suivre jusqu'à plus de 150 mètres de hauteur, à cause de l'oxyde de fer qui les enduit, ainsi que par les surfaces de séparation des couches, sur une longueur de plus de 150 mètres. Il est à noter que la sortie des sources n'est qu'à 2 kilomètres du sommet de la Calanda.

---

[1] *Bulletin de la Société géologique*, 3ᵉ série, t. X, p. 284, 1882.

§ 5. — ASSOCIATION AUX VOLCANS ÉTEINTS ET AUX ROCHES VOLCANIQUES
TELLES QUE LES BASALTES ET LES TRACHYTES.

Les volcans, lors même qu'ils n'ont plus donné d'éruption depuis les temps historiques et qu'ils sont qualifiés d'éteints, sont souvent le siège de sources thermales, reste de leur ancienne activité. Il en est de même de roches volcaniques, telles que les basaltes et les trachytes, plus anciennes encore et dont l'âge remonte souvent à l'époque tertiaire moyenne.

La fréquence de cette association a été depuis longtemps signalée par Léopold de Buch, Berzélius, Stift, Keferstein, Boué, Daubeny, Bischof, Forbes et d'autres.

La région volcanique de la France, particulièrement l'Auvergne, présente de nombreux exemples de ce gisement de sources thermales.

Tandis qu'elles font à peu près défaut dans une grande étendue de notre plateau granitique central, elles abondent dans les parties qui ont été traversées par des roches éruptives géologiquement récentes. Souvent même elles sont au milieu de ces roches ou dans leur voisinage immédiat. Telles sont les sources de Clermont-Ferrand (Saint-Allyre et autres, 19° et 25°); celles de Royat, 35°,5; celles du Mont-Dore, 45°; celles de la Bourboule, 52° (tome I, p. 120, fig. 66 et 67); celles de Chaudesaigues, 84°,5.

Quelquefois les sources jaillissent à quelque distance des roches éruptives, mais sans qu'il soit possible de méconnaître leurs liens d'origine avec elles.

Une relation générale du même genre se manifeste en Allemagne. Ainsi, au milieu même de la protubérance basaltique du Kaiserstuhl, grand-duché de Bade, le petit lambeau de calcaire cristallisé qui s'y trouve enclavé livre passage à la source de Vogtsburg, avec une température de 22°,5. On a vu plus haut que les sources du même massif ont une température notablement plus élevée que celles des régions voisines.

Les sources nombreuses et abondantes de Teplitz-Schœnau jaillissent, à l'altitude de 216 mètres, du porphyre, mais dans le voisinage de phonolithes qui ont percé les couches crétacées. Elles parviennent au jour par une série de fentes parallèles à la direction moyenne du versant sud de l'Erzgebirge [1]. Leur volume est d'environ 260 litres par minute.

Dans le district de Schemnitz-Kremnitz, les sources de Vichnje et de Skleno sont en rapport évident avec les éruptions du rhyolithe [2]. Les premières à une température de 45°,7, les secondes, au nombre de huit, varient de 18°,7 à 52°,5. En outre la source d'Eisenbach, près Schemnitz, sort des tufs rhyolithiques [3].

Les monts Euganéens, dans la province de Padoue, remarquables par leur isolement au milieu de la basse plaine de la Vénétie, sont généralement formés de calcaires de l'époque crétacée, que traversent et recouvrent en partie des masses trachytiques et basaltiques. Au pied de ce groupe, il existe, du côté de l'est surtout, une quantité de sources thermales. Celles de Montirone, près de la ville d'Abano, sont très remarquables par leur température qui, d'après certains observateurs, atteindrait 75° et 87°. Les anciens y avaient bâti des thermes, *Thermae Aponenses*. Leur volume est assez considérable pour qu'une partie soit utilisée à faire marcher un moulin.

[1] Jökely. *Jahrbuch der K. K. geologischen Reichsanstalt*, p. 452, 1858.
[2] Von Andrian. *Jahrbuch der K. K. geologischen Reichsanstalt*, t. XVI, p. 416, 1866.
[3] Zeiller et Henry. *Annales des mines*, 7ᵉ série, t. X, p. 79, 1878.

Les sources minérales situées sur le versant nord du Caucase, dans le groupe du Bechtaou, aussi bien que dans celui du Terek, sont en rapport manifeste avec les éruptions de trachyte et roches connexes qui ont percé le terrain crétacé[1]. Cette connexion a été signalée tome I, pages 227 à 231 et 275 à 277, pour Gilez Novodsk, où elle est particulièrement claire. Parmi ces dernières il en est qui dépassent 80°.

D'après M. Abich[2], les sources de Hassankalé, à 18 kilomètres de Khorassan, dans la région occidentale du plateau de l'Arménie, jaillissent à l'altitude de 1720 mètres de roches trachytiques, avec une température qui pour quelques-unes atteint 50°. Celle d'Ilidja, à la hauteur de 1800 mètres, d'une température de 46°, sort à proximité de roches volcaniques.

L'Asie Mineure est exceptionnellement riche en sources thermales, particulièrement dans la région occidentale. Parmi les localités à mentionner, nous nous bornerons à la source voisine de la ville d'Angora (Anatolie), connue sous le nom de Kizildza-Hammam, qui sort à l'altitude de 1025 mètres d'une roche trachytique perçant le terrain tertiaire. Sa température est de 99° et les indigènes assurent que, dans l'intérieur de la montagne, il en est qui sont à la température de l'eau bouillante[3].

A quelques lieues de l'ancienne Troie[4], à 4 kilomètres du bourg d'Eski (Stamboul), sont des sources célèbres et déjà très appréciées dans l'antiquité ; leur température atteint 61° et elles avoisinent du trachyte qui traverse le terrain tertiaire.

[1] Abich. *Leonhards Jahrbuch*, 1835, p. 574.
[2] *Geologie des Armenischen Hochlandes*, 1882.
[3] Tchihatchef. *Asie Mineure*, t. I, p. 94.
[4] Tchihatchef. Ouvrage précité.

La carte et le profil géologique (fig. 36 et fig. 37) font bien ressortir la relation qui nous occupe. Compris entre deux coulées importantes de basalte, le plateau de Zara est très certainement, de tous les rivages de la mer Morte, le point où s'est exercée avec le plus de puissance l'action des phénomènes souterrains.

Des exemples de la connexion dont il s'agit, entre la thermalité des eaux et les volcans éteints, sont particulièrement remarquables dans cette partie de la Phrygie qu'on a appelée Katacé-Kaumène[1], déjà signalée au temps d'Aristote. Elle est extraordinairement riche en sources chaudes, parmi lesquelles celles de la région de Karahissar sont les plus

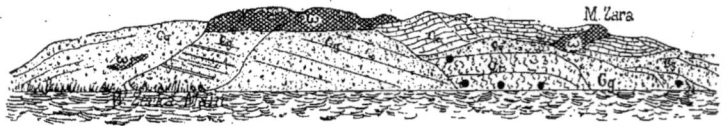

Fig. 36. — Vue des falaises du rivage oriental de la mer Morte, près de l'embouchure de Wadi Zerka Maïn et de la plaine de Zara. G_n, grès de Nubie ; C_c, calcaires crétacés ; u, basalte et dolérite ; Q_i, dépôt d'incrustation des sources ; les points d'émergence des sources thermales sont représentés par des points noirs. — D'après M. L. Lartet.

importantes[2]. A Hiérapolis, que l'on reconnaît de loin à d'épais nuages de vapeur d'eau, il en est qui atteignent 90 et 100°.

Parmi les sources thermales très nombreuses de l'île de Yesso, s'il en est qui sortent à proximité de volcans encore actifs ou de solfatares, d'autres, aussi très chaudes, atteignant 91°, jaillissent à proximité de roches volcaniques anciennes : relation parfois dissimulée par l'alluvion[3].

Entre l'oasis de Siwa à l'est et celle de Gadamès à l'ouest, les roches basaltiques offrent un grand développe-

---

[1] Hamilton et Strickland. *Transactions of geological Society*. t. VI, p. 27.
[2] Landerer. *Leonhard's Jahrbuch*, 1858, p. 575.
[3] Smyth Liman. *General report of the geology of Yesso*.

ment. Dans la première oasis, d'après Cailliaud, il existe des

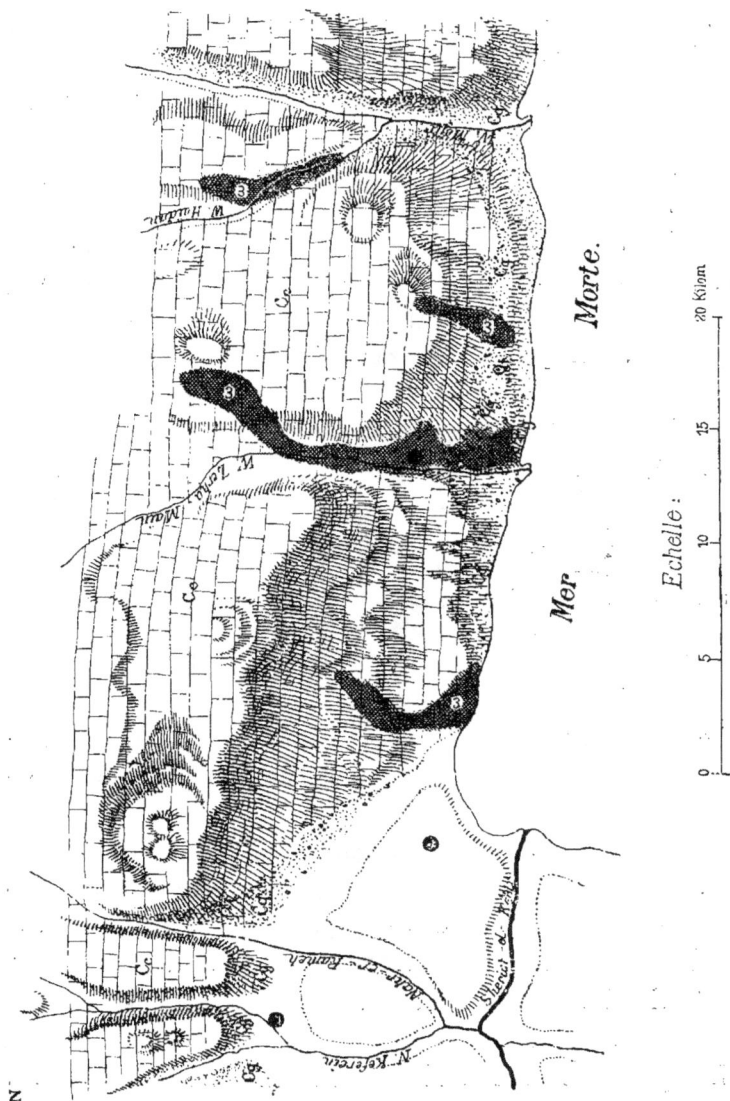

Fig. 37. — Plan des falaises du rivage oriental de la mer Morte, près de l'embouchure du Wadi Zerca Main et de la plaine de Zara. Mêmes lettres que pour la figure précédente. — D'après M. L. Lartet.

sources thermales et les tremblements de terre y sont assez fréquents pour détruire les habitations.

En Abyssinie, à Momoullou, qui est à proximité de volcans éteints, la température de l'eau des puits est de 34°,3, et à 9 kilomètres à l'ouest de ce village, à Ailat, il est une source thermale dont la température est de 65° [1].

Dans l'Afrique australe, au sud de Mozambique, des sources d'une température de 54° se trouvent non loin d'un volcan éteint [2].

La région des États-Unis qui est située à l'ouest du 105e méridien est des plus remarquables par l'abondance des sources thermales. Les États de Californie, de Nevada, de Colorado, ainsi que l'Utah et le Nouveau-Mexique, sont par-

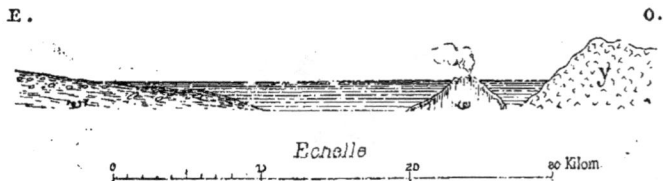

Fig. 38. — Jet de vapeur jaillissant d'une roche basaltique dans le lac Mono. Y, granite; ω, basalte; ω', terrasses avec galets de basalte. — D'après M. Laur.

ticulièrement à mentionner à ce point de vue. Dans beaucoup de lieux elles sont associées à des roches volcaniques éteintes, comme on l'a vu plus haut pour les geysers du Parc national et de la Californie.

Dans ce dernier pays, les sources chaudes du Clear Lake et Sulphur Bank en sont des exemples. Des pics volcaniques dont quelques-uns ont des cratères distincts entourent le lac; l'Uncle Sam a plus de 1300 mètres d'altitude. L'époque de l'activité volcanique ne peut remonter au delà du commencement du pliocène [3].

La figure 38 montre clairement cette relation au lac Mono,

[1] Bochet d'Héricourt. *Comptes rendus de l'Académie*, t. XXX, p. 25, 1850.
[2] Gumprecht. *Karstens Archiv*, t. XXIV, 1881.
[3] Hayden. *American journal*, t. VII, p. 167-250, 1874.

qui mesure 20 sur 30 kilomètres. Des sources extrêmement volumineuses, quoique venant de très grandes profondeurs, se manifestent à la surface du lac par la violence avec laquelle elles détournent un bateau de sa course. Quelques-unes de ces bouches d'eau ayant un diamètre de 30 à 40 mètres, elles doivent correspondre à des jets de pression très puissants qui s'exercent sur les sables du fond du lac[1]. Vers son centre s'élèvent deux rochers de basalte, qui dépassent de quelques mètres le niveau de l'eau, et de l'un d'eux s'élève une haute colonne de vapeur.

Comme manifestation thermale, il convient de signaler aussi celle du sud de la Californie, qui se rattache à la formation des geysers.

M. John Champlin a décrit dans le désert du Colorado, entre les latitudes 33 et 34 degrés, et les longitudes 115 et 116 degrés, des volcans de boue et des sources bouillantes. Le sol, sur environ 400 mètres carrés, est couvert de boues molles à travers lesquelles s'échappent constamment de l'eau et de la vapeur, avec un bruit que l'on prétend entendre à 15 kilomètres[1]. La vapeur en quelques points s'échappe avec sifflements, ailleurs en faisant explosion et en lançant l'eau et la boue à une hauteur de 30 mètres. Quelques-unes de ces sources bouillantes soulèvent une colonne d'eau de 6 à 8 mètres, tandis que d'autres sortent d'un bassin de 30 mètres de diamètre, dans lequel une boue liquide de couleur bleue bouillonne continuellement.

Les célèbres sources bouillantes de Steamboat, dans la partie occidentale de l'État de Nevada, sont situées dans la vallée de Washoë, à la base d'une colline volcanique, à 11 kilomètres au N.-O. de Virginia City et des fameuses mines

[1] Clarence King. *Exploration of the fortienth parallel*, p. 512.
[2] A.-C. Peale. *Thermal springs of Yellowstone Park*, p. 322.

d'argent de Comstock. Elles occupent environ 800 mètres de long sur 500 mètres de largeur. Elles sortent d'une série de fissures parallèles, qui se dirigent vers le N. 8° O. Lorsque ces fissures sont verticales, on y voit souvent l'eau à une profondeur de 4 à 5 mètres et l'on y entend le bruit de son ébullition, lors même qu'on ne la voit pas. En divers points, les bouffées de vapeur produisent un bruit comparable à celui d'une chaudière ; çà et là des jets d'eau chaude sont projetés en l'air, quelquefois jusqu'à 5 et 6 mètres de hauteur, tandis que sur d'autres points, l'eau vient simplement s'écouler à la surface du sol. Une partie du liquide paraît prendre un cours souterrain, à une faible profondeur, et se rend probablement à la rivière Truckee [1].

Ainsi que le fait remarquer M. de Rath, les sources de Steamboat rappellent complètement les geysers de la Yellowstone, lors des époques de calme : il y a quelques dizaines d'années, elles donnaient même encore des éruptions geysériennes. Ainsi, en 1868, il jaillit de l'une d'elles une colonne d'eau de 1 mètre de diamètre, jusqu'à 20 mètres de hauteur, en faisant trembler le sol [2].

Toutes les sources chaudes du Mexique, d'après Burkhardt, sortent du trachyte ou de la dolérite. Telles sont notamment celles de Chichimequilla, associées au basalte et à des brèches basaltiques, avec la température de 86°,4.

D'après le docteur Francius [3], des sources de Costa-Rica, dont la température atteint 70°, forment un groupe qui s'étend de l'est à l'ouest sur une longueur de plus de 200 kilomètres. Beaucoup d'entre elles se trouvent à proximité de massifs trachytiques et de coulées de laves. Telles sont

---

[1] Laur, Arthur Phillips, Arnold Hague, William P. Blaket d'autres en ont donné des descriptions.

[2] Von Rath. *Geologische Briefe aus America*, 1884.

[3] *Jahrbuch für Mineralogie*, 1873, p. 496.

Turialba, Irazu, Barba, Poas et Miravallez. Presque toutes se trouvent dans le fond de gorges profondes et étroites.

A part les sources thermales qui jaillissent, au Chili, à proximité des volcans actifs et des solfatares, il en est qui sont en rapport avec les roches trachytiques. Telles sont celles de Cauquenès, d'une température atteignant 64°, et celle de Colina, d'une température de 52°.

§ 6. — ASSOCIATION AUX VOLCANS ACTIFS ET AUX SOLFATARES.

A part l'eau en vapeur, qui forme l'apanage des éruptions des volcans, il en est qui, en dehors des éruptions proprement dites, sort abondamment et d'une manière continue de certains orifices, particulièrement des solfatares. En outre des sources d'eau liquide, à des températures diverses, jaillissent des régions volcaniques actuelles.

C'est de ces dernières qu'il va être particulièrement question, nous référant, pour les volcans et les solfatares, ainsi que pour les soffioni, aux généralités qui ont été données au sujet du régime.

Pouzzoles, située à 10 kilomètres de Naples, près de la solfatare du Monte Nuevo, du lac d'Averne et du cratère d'Agnano, est classique pour ses eaux thermales, qui étaient déjà très utilisées par les Romains. Les eaux du Temple de Sérapis sont à 42° et il en est dans plusieurs autres localités qui marquent de 45 à 50°. Aux étuves de Tritoli et de Néron (fig. 39), de la vapeur d'eau avec les mêmes températures jaillit de galeries que l'on a entaillées dans un tuf volcanique ; on y a recueilli de l'eau à 86°.

L'île d'Ischia, entièrement volcanique, est en partie formée par le volcan Epomeo, d'une altitude d'environ 800 mètres.

Les sources thermales qui rendent célèbre cette île sont surtout concentrées près de Casamicciola, au pied du versant
nord de la montagne (fig. 40). Celles de Gurgitello, assez
abondantes pour former un ruisseau, ont au sortir du sol
une température qui varie de 50 à 90°. Sur la côte méridionale, de l'eau bouillante jaillit au milieu du sable.

L'une des sources chaudes signalées à Milo sort du

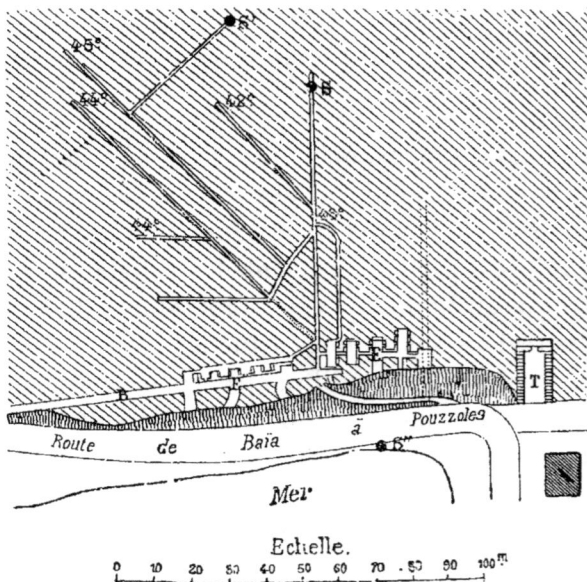

Fig. 39. — Plan des étuves de Tritoli et de Néron. S₁, S', S'', sources thermales; B, ancienne
grotte de Baïa; E E, cabinets avec lits. La porte réservée à droite correspond au bain de
Tritoli. — D'après M. Jervis.

tuf volcanique et d'une grotte assez profonde, dans la plaine
de Protothalassa.

Le volcan éteint de Tandourek[1], qui répète, dans la forme
de son cône, surbaissé et allongé sur une large base ellip-

---

[1] *Tandourk*, mot signifiant une espèce de brasière, très commune en Orient.

tique, la physionomie caractéristique des montagnes analogues, est le seul en Asie Mineure qui, d'après M. Abich,
entretienne encore par son cratère principal une communication directe entre le foyer volcanique et l'atmosphère[1].

Des vapeurs d'eau sifflantes et entremêlées d'un peu
d'hydrogène sulfuré, dont la température dépasse celle de

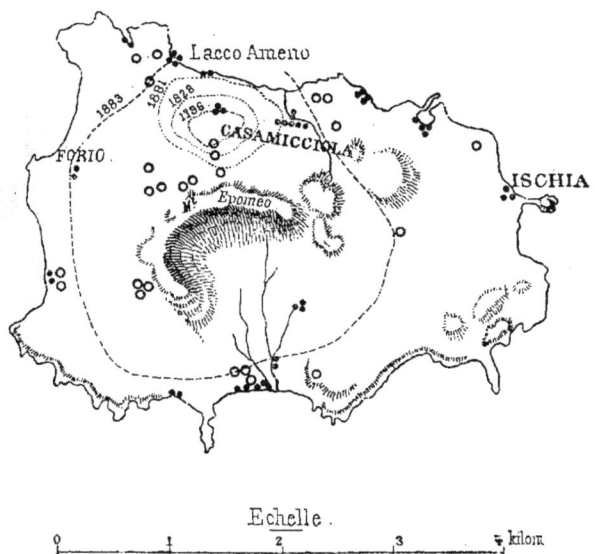

Fig. 40. — Carte de l'île d'Ischia. Les petits cercles blancs désignent les fumerolles, les points
noirs les sources thermales. Les quatre courbes portant les millésimes de 1883, 1881, 1828 et
1796 indiquent les surfaces dans lesquelles les maisons s'écroulèrent à ces diverses époques.
— D'après M. Mercati.

l'eau bouillante, se dégagent en grande abondance et en
maints endroits dans l'intérieur du cratère.

Une source de vapeurs chaudes, à l'instar des « stufe »
des grottes de Baïa, se trouve au pied du versant extérieur
d'un grand cratère à lac placé 3 kilomètres à l'est de ce
cratère qui est sur la voûte de la montagne (fig. 41).

[1] *Bulletin de la Société géologique*, 2ᵉ série, t. XXI, p. 213.

Sur un revers du Demavend, à une altitude de 2200 mètres, la source d'Abigerm a une température de 65°.

Parmi les nombreuses sources de l'île de Yesso, que les intéressantes recherches de M. Smyth Liman ont bien fait connaître, la plupart sortent de roches volcaniques, qui fournissent encore, en de nombreux points, de la vapeur d'eau avec hydrogène sulfuré, donnant lieu à une exploitation de soufre. Quelques-unes même avoisinent des vol-

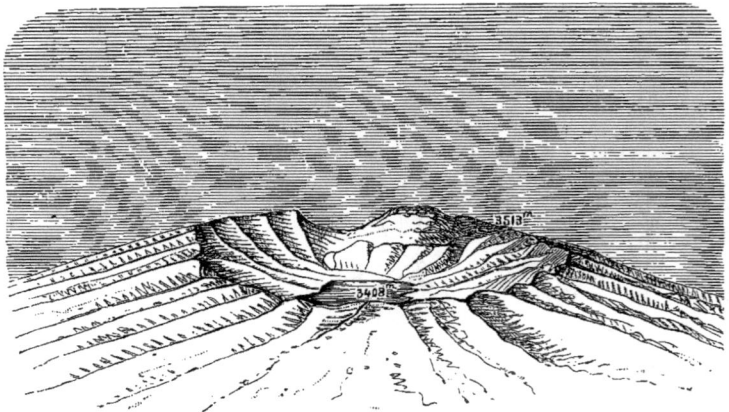

Fig. 41. — Sortie de vapeur chaude sur les flancs du cratère à lac formé sur la voûte du Tandourek. — D'après M. Abich.

cans qui ont eu des éruptions dans les dernières années. Telles sont les sources de Kusatsu, non loin du volcan de Asama-Yama, qui sont célèbres par leur chaleur et par leur volume extraordinaire.

Des sources chaudes sont connues en diverses localités du Kamstchatka, presqu'île remarquable par ses volcans actifs; celles de la vallée de Malka sont utilisées.

La grande abondance de sources chaudes[1] le long de la

[1] Blanford. *Geology of Abyssiny*, 1870.

côte d'Abyssinie est sans aucun doute en rapport avec les
phénomènes volcaniques. Deux des mieux connues sont
celle d'Ailat, environ à 40 kilomètres à l'ouest de Massowa,
d'une température de 65°, et celle de 60° à Atzfut, 12 kil. au
sud de Zulla.

Toutes les eaux souterraines du village de Zulla paraissent
avoir une température exceptionnellement élevée. Cela est
particulièrement vrai pour les sources de Komayli et pour
un puits foré à environ 8 kilomètres de la mer entre Zulla
et Komayli, dont la température était d'environ 40°.

L'abondance des sources chaudes dans la contrée de
Danakil a été signalée par Rochet d'Héricourt.

Dans son premier voyage, celui-ci ne signale pas moins
de vingt-cinq sources thermales entre Tadchoura et Choa,
toutes à de très hautes températures [1]. Quelques-unes ont
celle de l'eau bouillante et plusieurs sont extraordinairement volumineuses. L'une de ces dernières a 68°,8, et
près d'Hâoulle on s'en sert pour cuire la nourriture. Les
habitants attribuent à certaines d'entre elles des qualités
thérapeutiques très actives.

Plus avant dans l'intérieur, Rochet mentionne la source
d'Oiram Melle, à 75°, et un groupe de thermes près de
Coumi, à proximité du granite et de cinq volcans éteints.
Il trouva pour la température de sept de ces sources 58°,8,
70°,4, 75°, 78°,7, 80°,1, 88°,8, 90°.

Dans la partie orientale du royaume de Choa, non loin du
royaume d'Adel, se trouvent des volcans avec des coulées de
lave [2]. A 100 kilomètres à l'E. d'Angobar, à plus de 2500 mètres
d'altitude, est un volcan en activité, et, à 40 kilomètres au
S.-S.-E. de cette ville, près du village de Flambo, sont des

[1] *Voyages en Abyssinie*, p. 75 et suivantes.
[2] Ouvrage précité, p. 263.

sources d'eau chaude. A l'ouest du plateau de Choa, à Médira, sortent des eaux à 54°.

Il est encore à remarquer, comme analogie avec le fait signalé plus haut à Zulla et à Komayli, qu'à Momoullou, qui est entouré d'anciens volcans, l'eau des puits atteint la température de 34°,3[1].

Les sources thermales de l'île de la Réunion[2] sont très nombreuses ; on en connaît trois dans le cirque de Salazie et deux dans le cirque de Cilaos, à l'altitude de 1114 mètres, donnant 170 litres par minute. L'abondante source du Bras-Rouge dans cette dernière localité a une température de 48°. La source de Salazie, la plus fréquentée de la colonie, est à 32°.

Au Mexique[3], la ville de Puebla est entourée d'une ceinture d'eaux thermales, dont l'existence est due sans doute à l'action volcanique du Popocatepetl et des centres d'éruption qui s'y rattachent. Ces eaux, quoique situées à une très faible distance les unes des autres, présentent des différences notables dans leur température, qui s'élève à 30 degrés, et dans leur composition, différences que l'on peut attribuer soit à la nature du terrain traversé, soit à la profondeur du point d'émergence. On a remarqué dans ces eaux minérales, comme caractères constants : la présence d'une grande quantité d'acide carbonique, des traces d'hydrogène sulfuré libre, et enfin une grande quantité de bicarbonate de chaux en dissolution.

La soufrière de la Guadeloupe est entourée d'une ceinture d'eaux minérales et thermales[4].

Les sources du Galion, à une altitude d'environ 1133 mèt.,

[1] Rochet d'Héricourt. *Comptes rendus*, t. XXX, p. 25, 1850.
[2] Maillard. *Ile de la Réunion*, p. 133.
[3] *Archives de la commission du Mexique*, p. 390.
[4] J. Marcou. *Archives de la commission du Mexique*, t. II, p. 102.

situées au pied du Morne l'Échelle, qui semblent se trouver sur le prolongement de la grande pente, sont au nombre de douze. Elles présentent, quoique rapprochées les unes des autres, des différences très grandes dans leur température comme dans leur composition. Elles marquent de 29°,5 à 64°,8. Les eaux de ces différentes sources se réunissent pour former la rivière du Galion. L'eau thermale de la Ravine Chaude du Lamantin, à 23 kilomètres de la Pointe-à-Pitre, est à une hauteur de 150 mètres. Sa température est de 23°.

En Colombie, la source de Coconuco, à l'altitude de 2500 mètres, est située dans la province de Popayan, près du village de Combalo, à la base du volcan actif de Puracé. D'après M. Boussingault, l'eau sort en très grande abondance et avec impétuosité d'un amas de blocs de trachyte; sa température est de 73°[1]. Les sources d'Alangasi émergent au pied du volcan Ilalo, à 2530 mètres d'altitude, avec une température de 35°[2].

Les sources thermales de Chillan, au Chili, avec leur établissement de bains, à 75 kilomètres à l'est de la ville de ce nom, jaillissent avec grande abondance dans un ravin du grand massif trachytique de Nevado de Chillan. Elles sont situées à la limite supérieure de belles forêts, et à proximité de la limite inférieure des neiges du Cerro-Nevado. Ces eaux, qui exhalent une forte odeur d'hydrogène sulfuré et marquent de 57 à 64 degrés de température, sortent du fond d'un ravin nommé Quebrada de los Baños, à 1900 mètres au-dessus du niveau de la mer. La figure 42 fait ressortir la relation de ces sources avec le volcan actif qui a fait éruption en 1868 (altitude 2914 mètres), le

[1] *Comptes rendus*, t. XLV, 1882, p. 323.
[2] L. Dressel. *Jahrbuch für Mineralogie*, 1877, p. 515.

Fig. 42. — Vue des volcans de Chillan, prise du Cerro Azul. 1, Nevada de Chillan ; 2, volcan ancien ; 3, volcan nouveau de 1868 ; 4, sources thermales de Chillan ; 5, Cerro de Azufre ; L, trachytes et phonolites ; K, scories ; K', obsidienne — D'après M. Pissis.

volcan ancien et la solfatare dite Cerro de Azufre. A quelques lieues de distance, vers le sud de la solfatare de Tinguiririca, il existe d'abondantes sources presque bouillantes, au fond de la vallée qui porte le nom de vallée de Los Baños. Ainsi

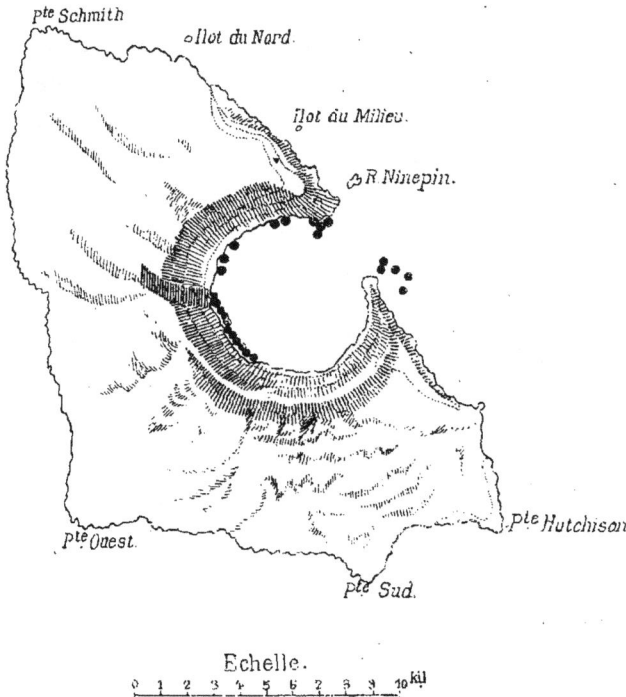

Fig. 43. — Carte de l'île Saint-Paul, sur laquelle les sources thermales et fumerolles sont re-présentées par des points noirs et les espaces chauds par des traits verticaux. — D'après M. Vélain..

de volumineuses sources chaudes sont en connexion avec cette solfatare, comme avec celles du Chillan.

Les sources thermales de l'île Saint-Paul sont localisées à l'intérieur du cratère, dans la zone du niveau du balancement des marées. Mais, loin d'y être réparties uniformément, elles manquent absolument dans le sud-sud-est. Elles paraissent réunies dans une moitié seulement du cratère (fig. 43)[1], qui mesure 1200 mètres au niveau de la mer et dont la crête a une hauteur de 232 à 272 mètres.

L'activité du volcan ne se borne pas à ces seules manifestations ; il est encore des points où le sol, à la surface, présente une température élevée. Cette haute température se retrouve dans toute une zone très remarquable, large de 200 mètres environ, qui se laisse facilement distinguer même de loin, à cause de la végétation particulière qui la recouvre. La température de ces *espaces chauds* varie de 50 à 72°, à mesure qu'on s'avance vers la mer. Dans le bas du cratère, le sol de cette bande chaude est formé d'une argile molle et bariolée, résultant de la décomposition complète des roches du voisinage et imprégnée d'argile gélatineuse ; en quelques points sa température dépasse 210°.

Les sources thermales varient beaucoup dans leur thermalité : il en est qui avoisinent 100°, tandis que d'autres dépassent à peine 30°.

Elles semblent sensiblement refroidies depuis qu'elles sont connues : au lieu de 87 à 95° notés en 1793, on ne trouve plus maintenant que 71°.

[1] Vélain. *Recueil des mémoires relatifs au passage de Vénus*

TROISIÈME PARTIE

GEYSERS, VOLCANS, TREMBLEMENTS DE TERRE

CHAPITRE PREMIER

GEYSERS

Les hypothèses par lesquelles on a cherché à expliquer le mécanisme des geysers sont exposées dans plusieurs traités de Géologie ; aussi, n'en sera-t-il question ici que très brièvement. Des cavités plus ou moins profondes paraissent y jouer un rôle déterminant.

Il paraît résulter des faits observés en juillet 1846 par M. Des Cloizeaux[2] que le foyer qui échauffe l'eau de la colonne d'un geyser n'est pas placé immédiatement au-dessous du fond du bassin, mais à une distance qui peut être considérable.

D'un autre côté, la température n'est pas uniforme dans le canal d'ascension ; il y a au fond du grand geyser un maximum de température immédiatement avant, et un minimum immédiatement après les grandes éruptions ; la

---

[1] *Bulletin de la Société géologique*, t. IV, p. 550, 1847, 1re série.

température moyenne de la colonne totale variant d'ailleurs
dans des limites assez restreintes. Le calcul montre que le
point d'ébullition d'une colonne d'eau ayant la hauteur et
la densité de celle du geyser serait, dans les circonstances
où ont été faites les observations, de 136°,15 ; le maximum
trouvé étant de 127° en moyenne, la différence égale 9°,15.
Dans les circonstances où ont été faites une troisième et
une quatrième expériences, ce point d'ébullition serait
de 135°,40 et 136°,28 ; les minima trouvés dans ces expériences sont 122°,5 et 123°,60. La différence avec le calcul
est donc de 12°,90 et 12°,68. Ainsi, au point le plus bas de la
colonne du geyser que le thermomètre puisse atteindre, l'eau
n'est pas en ébullition.

Ces circonstances ont conduit M. Des Cloizeaux à expliquer la manière dont doivent se produire les éruptions, en
supposant que la colonne d'eau communique par un canal
long et sinueux avec l'espace qui reçoit l'action directe de
la chaleur souterraine. Après une grande éruption, pendant
laquelle il y a eu projection d'une grande quantité d'eau et
de vapeur, les parties inférieures de la masse liquide sont
refroidies, et la vapeur d'eau qui arrive toute formée du
réservoir soumis à l'action de la chaleur a une tension
moindre que celle à laquelle peuvent faire équilibre le
poids de la colonne d'eau et celui de l'atmosphère. Cette
vapeur vient donc se condenser au contact de l'eau qui
remplit le canal sinueux, et elle abandonne à cette eau sa
chaleur latente. L'accroissement de température de l'eau
du canal se transmet de proche en proche jusqu'à la partie
inférieure de la colonne centrale du geyser, où le thermomètre peut pénétrer ; mais cet accroissement est retardé
par l'air atmosphérique et les autres gaz que la vapeur
entraîne avec elle. Cependant, au bout d'un temps plus ou
moins long, la vapeur qui continue à se former dans le canal

ne peut plus s'y condenser : elle doit donc s'accumuler et acquérir une tension de plus en plus grande, jusqu'à ce que cette tension soit capable de vaincre la résistance de la colonne d'eau et de la lancer en l'air.

Les détonations que produisent les éruptions ont été attribuées à de grandes bulles de vapeur qui se condensent subitement, en s'élevant vers les couches d'eau plus froides situées près de la surface. Ce sont des éruptions avortées qui ne peuvent se propager, à cause de la basse température de la colonne d'eau.

Des phénomènes qui ont eu lieu à Nisyros, près de l'île de Cos, dans les mois de juin et de septembre 1873, et que M. Gorceix a fait connaître[1], peuvent éclairer la théorie des geysers. De certaines fissures il s'élançait, à des intervalles de plusieurs jours, des colonnes d'eau salée atteignant des hauteurs de 30 à 40 mètres et présentant l'aspect d'un geyser. Au commencement de décembre, les eaux s'accumulèrent dans une espèce de puits naturel, les dégagements cessèrent pendant quelques jours, puis la tension de la vapeur devint suffisante pour lancer la masse liquide avec violence. Ces projections se reproduisirent pendant plusieurs jours et devinrent de plus en plus rares, avec la disparition de la boue qui recouvrait le fond du puits.

Il paraît intéressant de consigner ici, d'après le très regretté de Hochstetter, qu'au dire d'un chef, la source chaude de Papa Kohatu, deux ans après le tremblement de terre de Wellington survenu en 1848, était un geyser lançant l'eau à environ 30 mètres et rejetant avec violence les grosses pierres, dès qu'on les lui lançait.

Les geysers sont ordinairement associés à des sources bouillantes auxquelles ils se rattachent par divers intermé-

---

[1] *Annales de chimie et de physique*, 5e série, t. II. 1874.

diaires[1]. En effet, la différence entre les uns et les autres
n'est pas toujours distincte. Le grand Geyser paraît une
source ordinaire bouillante pendant les repos, de même
que le Strockr. Dans le Yellowstone, beaucoup de sources
classées comme bouillantes sont peut-être des geysers non
encore reconnus. C'est ainsi que l'Excelsior Geyser ne fut
reconnu comme tel qu'au bout de huit années. Presque
toutes les sources en ébullition continuelle ont des périodes
plus actives pendant lesquelles l'eau est projetée en l'air.
Ainsi les sources Steamboat donnaient elles-mêmes, il y a
quelques dizaines d'années, des éruptions geysériennes[2].
Encore en 1868 il jaillit de l'une d'elles une colonne d'eau
d'un mètre de diamètre jusqu'à 20 mètres de hauteur, en
faisant trembler le sol. L'état d'ébullition des sources paraît
varier avec le baromètre. Aujourd'hui elles rappellent complètement les geysers du Yellowstone, lors des époques de
calme.

C'est par l'eau sortant d'immenses glaciers, qui entourent
de trois côtés les plateaux des geysers, et qui rencontre dans
son cours de profondes crevasses, que M. Bunsen explique
les geysers de l'Islande[3]. D'ailleurs nulle contrée ne présente peut-être autant de lacs, de rivières et de marais;
on a remarqué que l'énergie des explosions dépend aussi
des influences météorologiques et qu'elles sont particulièrement belles après la pluie.

Dans le nord de la Nouvelle-Zélande[4] où les habitants ont
également observé la liaison des phénomènes avec les vents
et les saisons, le district des lacs est extrêmement remarquable par le grand nombre de jets de vapeur chaude, de

---

[1] M. A. C. Peale a fait dans l'ouvrage précité des rapprochements intéressants sur
les analogies et sur les différentes régions où ils se présentent.

[2] Von Rath. *Geologische Briefe aus America*. 1884.

[3] *Annales de chimie et de physique*, 3e série, 2, 38, p. 385.

[4] Von Hochstetter. *New Zealand*. 1867, l'original en allemand est de 1863.

sources bouillantes, de geysers, de volcans de boue et de solfatares. Ces émanations sont rejetées sur une étendue de 220 kilomètres depuis le volcan de Tongariro jusqu'au lac de Whakari dans la baie de Plenty. Parmi les 15 lacs de ce district, le lac Taupo a 36 kilomètres sur 45. Comme association analogue, on peut citer les quatre lacs du Parc de Yellowstone, dont l'un a 36 kilomètres de longueur. En Islande le lac Hvirtartatu en a environ 18 et celui de Thingvallavatu 36. Les geysers du Thibet ne sont pas éloignés du lac Tengri-Nur.

Frappé de la circonstance qu'en Islande il n'y a pas de geyser qui ne soit aux environs immédiats d'amas d'eau surperficiels, Forbes a conclu que si l'on desséchait les marais de la vallée de Haukadalr, on arriverait à les éteindre.

Ce qui vient d'être dit sur le mécanisme des geysers explique pourquoi ils constituent souvent des alignements, aussi bien en Islande que dans le Parc national de Yellowstone et en Nouvelle-Zélande où l'on compte trois de ces alignements.

CHAPITRE II

VOLCANS

Avant que la chaleur propre du globe fût constatée au thermomètre, on a rattaché les éruptions des volcans à des actions chimiques locales, telles que des combustions de houille, de pétrole ou de pyrite. Mais dès 1798, la situation sur le granite même, des petits volcans de la France centrale conduisit Dolomieu à reconnaître que le siège de l'action volcanique réside au-dessous du granite et par conséquent, dans des régions plus profondes que tous les gisements connus de combustibles minéraux. Ainsi étaient mises de côté des suppositions depuis longtemps accréditées, même encore dans la doctrine de Werner, qui rattachait les phénomènes des volcans à des incendies souterrains, analogues à ceux dont beaucoup de houillères sont le théâtre.

Cordier, préoccupé surtout des changements que le globe terrestre doit subir, par suite de son refroidissement spontané, voyait dans cette contraction même la cause d'une pression qui, de temps à l'autre, refoulerait jusqu'à la surface les matières fondues de l'intérieur. D'après Alexis Perrey, les éruptions seraient déterminées par des sortes de marées, que le liquide igné interne éprouverait, par l'effet des attractions luno-solaires. M. W. L. Green[1], qui a fait des études si approfondies sur les volcans hawaïens, estime aussi que dans les éruptions de cet archipel la vapeur d'eau ne jouerait qu'un rôle secondaire.

A la suite de son immortelle découverte, Davy attribua la cause des volcans à l'oxydation, par une infiltration d'eau, de métaux alcalins et alcalino-terreux qui se trouveraient au-dessous de l'enveloppe du globe et dont les oxydes constituent les principales bases des laves.

L'accroissement de température ayant été constaté jusqu'aux plus grandes profondeurs que le thermomètre ait pu atteindre, il est impossible de ne pas tenir grand compte de la température propre du globe. Loin d'être particulier aux régions volcaniques, cet accroissement est tout à fait général. C'est là un fait positif, d'une importance capitale, pour l'explication de tous les phénomènes internes du globe.

Tout tend à faire admettre que cet accroissement s'étend bien au delà des limites de nos observations directes. Lors même qu'il ne se poursuivrait que jusqu'à une profondeur relativement faible, à 40 ou 50 kilomètres seulement, elle suffirait pour maintenir à l'état de fusion les principales roches silicatées que nous connaissons, notamment les basaltes et les trachytes.

Notre globe, suivant les grandes conceptions de Descartes, de Kant et de Laplace, paraît avoir passé, de même que le soleil, par une température très élevée, et la chaleur propre qu'il possède aujourd'hui paraît être la conséquence de cette haute température initiale.

On a supposé que la masse intérieure, jusqu'au centre, est encore très chaude, peut-être à l'état de fusion ou même de

[1] *The volcanic problems.* 1884.

gaz. Lors même qu'il en serait ainsi, la nature peu conductrice de l'écorce empêcherait de s'en apercevoir, en contribuant, avec la grosseur de la masse, à l'extrême lenteur du refroidissement. Au contraire, certains calculs astronomiques, dont la base, il est vrai, n'est pas indiscutable, ont porté à supposer que l'intérieur du globe devait être refroidi et solidifié à peu près en totalité. Quand il s'agit de régions absolument inaccessibles, on est malheureusement réduit à de simples hypothèses. Quoi qu'il en soit, et lors même que les régions intérieures seraient solidifiées, les éruptions volcaniques prouvent qu'il reste encore à l'état de fusion, des parties formant une couche continue ou discontinue, à la manière de lacs intérieurs.

Quant à l'eau qui se dégage si abondamment comme on l'a vu plus haut, tome I, pages 409 et suivantes, une idée simple est qu'elle est emprisonnée sous le granite depuis la formation de celui-ci. Cette eau originaire s'échapperait des masses graduellement refroidies et consolidées, par un phénomène de *rochage*, comme il arrive pour des métaux qui, comme l'argent, rejettent brusquement, en se solidifiant, l'oxygène qu'ils tenaient en dissolution. On a de même reconnu l'absorption de matières gazeuses par les silicates fondus à haute température, qui les retiennent par occlusion[1]. C'était notamment l'opinion de Humboldt, qui fut adoptée par Élie de Beaumont, d'Omalius et d'autres géologues, à la suite de ces maîtres.

Mais on peut admettre, avec plus de probabilité, que cette eau est alimentée par des infiltrations partant de la surface.

Cette idée, émise dès l'antiquité, a été adoptée par l'abbé

---

[1] Le savant métallurgiste Lothian Bell a insisté récemment sur la connexion de ces faits avec l'activité volcanique, *Journal of Iron and Steel Institute*. 1881, p. 532.

Nollet[1], par Buffon[2], par Bergmann[3], et par d'autres[4]. Elle est motivée d'abord par la grande quantité d'eau qui se dégage des bouches volcaniques.

La distribution des volcans sur le globe est tout à fait d'accord avec cette manière de voir, que l'Océan est un facteur de leurs éruptions. Au milieu de la répartition des volcans, depuis les régions polaires boréales et australes jusque dans les latitudes tempérées et sous l'équateur, il est un fait général qui a depuis longtemps frappé les observateurs, c'est leur voisinage de la mer, qu'ils soient dans des îles ou sur le littoral comme on l'a vu plus haut[5]. Le cercle volcanique du Pacifique forme l'un des traits les plus remarquables de la géographie générale.

Le fait même de ces alignements s'accorde avec l'idée que les volcans sont des sources d'eaux, jaillissant de grandes cassures de l'écorce du globe.

La nature chimique des émanations volcaniques confirme pleinement l'idée d'une collaboration profonde de l'eau de la mer, au moins dans la plupart des cas. C'est ce que montre, outre la prépondérance de l'eau qui compose plus des 999 millièmes des émanations des volcans, celle des chlorures, particulièrement du chlorure de sodium, ainsi que celle de combinaisons sulfurées. Les gaz combustibles et hydrogénés, tels que ceux que M. Fouqué a étudiés à Santorin en 1867[6], paraissent provenir de la dissociation de l'eau et leur présence vient à l'appui de cette supposition.

Dans les éruptions aqueuses qui eurent lieu à Nisyros,

---

[1] Rappelé par Cordier.

[2] *Quatrième époque de la nature.*

[3] *Opuscules*, t. III, p. 184.

[4] Voir aussi le mémoire de M. Angelot, *Bulletin de la Société géologique de France*, t. XIII, p. 179.

[5] T. I, p. 407 et suivantes.

[6] *Comptes rendus*, t. LXII, p. 60.

près l'île de Cos, en 1873, un ruisseau d'eau salée accompagné de projections de pierres, fut suivi, d'après M. Gorceix, pendant trois jours, de fréquentes éruptions de boue fluide, dont la quantité rejetée dépassa 50 000 mètres cubes. Sa principale différence avec l'eau de la Méditerranée consistait en une proportion beaucoup plus grande de chlorure de calcium. Dans ce cas, le rôle de l'eau de mer paraît évident.

Quant au mécanisme de l'infiltration, Gay-Lussac a fait observer qu'il ne pouvait se produire par des fissures ouvertes, dans lesquelles l'eau serait au contraire refoulée par les pressions intérieures.

Mais des expériences qui ont été données avec détails dans un autre ouvrage[1] ont prouvé que, sous l'influence de la capillarité, l'eau peut s'infiltrer au travers des matières poreuses, telles que les roches, malgré une forte contre-pression de vapeur.

D'ailleurs des explosions, telles que celles du Tambora en 1815 et du Krakatau en 1883[2], paraissent bien correspondre à la vaporisation, subite et à haute température, de grandes quantités d'eau.

Comme M. Stanislas Meunier l'a signalé, on les comprendrait en supposant la chute subite, dans des réservoirs très chauds, de roches déjà imprégnées de *l'eau de carrière*, qui ne manque même pas dans les roches cristallines[3].

Cordier mentionnait la découverte de volcans que venait de faire Abel de Rémusat dans l'Asie centrale, comme le dernier coup porté à l'hypothèse de l'infiltration[4]. Or il résulte d'explorations récentes que ces prétendus volcans ne sont autres que des houillères embrasées, comme l'a

---

[1] *Géologie expérimentale*, p. 235 à 246.
[2] Voir le t. I du présent ouvrage, p. 412.
[3] *Comptes rendus* t. XCVII, 1820, p. 1230.
[4] *Annales des Mines* 1re série, t. V, p. 140.

établi M. Mouchketoff [1]. Les localités signalées par Humboldt comme centre de l'activité volcanique, c'est-à-dire les environs des villes Ouroundschi, Tourfan, Koutcha et Kouldja, sont situées sur des couches jurassiques et en partie liasiques, où abonde un combustible voisin de la houille, qui alimente ici, comme dans bien d'autres pays, de vastes incendies souterrains.

Il faut toutefois faire une réserve à l'égard du volcan situé au nord-est de la Mandchourie, et dont une éruption de 1721 est décrite dans un manuscrit chinois [2].

Outre qu'il est bien difficile de concevoir comment un corps aussi volatil que l'eau aurait été retenu, en telle abondance, par les masses centrales à leur haute température originelle, bien d'autres objections se présentent à l'esprit.

Ainsi, comment comprendre la localisation presque exceptionnelle d'un phénomène qui, dans l'idée d'un rochage, devrait se manifester partout? Comment rendre compte d'un écoulement, tel que celui du Stromboli, qui depuis plus de vingt siècles paraît se poursuivre, sans autres variations que celles qui correspondent aux oscillations de la pression atmosphérique?

La sortie maintes fois constatée, dans certaines salses, de torrents de boues chaudes et sulfurées, nous fait assister en quelque sorte à une étape intermédiaire de l'eau revenant des régions profondes.

Si l'état d'activité est exceptionnel dans l'histoire des volcans, cela peut résulter des obstacles que les infiltrations rencontrent dans les régions souterraines, surtout pour les volcans très élevés. Ce n'est sans doute pas fortuitement que

[1] *Bulletin de l'Académie des Sciences de Saint-Pétersbourg*, 1877, t. XXIII, p. 70.
[2] *Bulletin de la Société géologique de France*, 2ᵉ série, t. XIII, p. 574. 1856.

le plus petit de tous, le Stromboli, jouit du privilège d'une
activité continue.

On peut former une série unique, par des transitions
nombreuses, depuis les sources chaudes, les geysers et les
soffioni, jusqu'aux solfatares et aux volcans proprement
dits. Si les premières sont des produits d'infiltrations jour-
nalières, il n'est guère possible de douter qu'il n'en soit de
même des volcans. De même que les sources ordinaires, les
volcans peuvent donc être alimentés par les eaux de la surface du sol, marines et quelquefois continentales. Du cas
assez exceptionnel de volcans à éruption continue, comme
le Stromboli, on peut rapprocher l'état de demi-activité qui
caractérise les solfatares. Leur régime, devenant uniforme et
permanent pendant une série de siècles, les rapproche
d'une manière frappante des sources thermales proprement
dites. Cette liaison intime conduit à reconnaître une cause
unique pour ces manifestations, malgré les différences
qu'elles présentent à première vue. Ce sont comme des
stades successifs d'un même phénomène, comme du reste
le montre leur association fréquente, par exemple aux environs de Naples, aux Açores et ailleurs.

Déjà, il y a un demi-siècle, M. Boussingault a montré les
liaisons qui, également au point de vue chimique, établis-
sent une connexion entre les volcans de l'Équateur et les
sources thermales des mêmes régions.

Quand on reconnaît que les volcans sont alimentés par les
eaux de la surface, il n'est pas nécessaire d'admettre exclu-
sivement l'intervention des mers. Il est des cas où l'on peut
attribuer l'infiltration à des pluies, à des neiges ou à des
lacs.

Pour revenir au mécanisme de la circulation souterraine
des eaux, nous voyons qu'elle se produit sur une forte
épaisseur de l'écorce terrestre, et sur de vastes proportions.

Ce n'est pas seulement la simple pression hydrostatique ou
le mécanisme du siphon qui la provoque, comme dans les
sources ordinaires. Sous l'influence de la chaleur intérieure
du globe, l'eau, se réduisant parfois à l'état de vapeur et
acquérant des tensions bien supérieures à la pression atmosphérique, sert de moteur aux divers matériaux fluides, sur
lesquels elle peut exercer sa puissance. C'est, comme on le
voit, un autre mode de circulation souterraine de l'eau.

Descartes l'avait parfaitement pressenti lorsque, dès 1644,
il expliquait l'origine des fontaines dans les termes suivants :

« Il faut considérer qu'il y a de grandes concavitez pleines
d'eau sous les montagnes, d'où la chaleur élève continuellement plusieurs vapeurs ; lesquelles n'estant autre chose que
des petites parties d'eau séparées l'une de l'autre, et fort
agitées, se glissent en tous les pores de la Terre extérieure,
et ainsi parviennent jusques aux plus hautes superficies des
plaines et des montagnes. Car puisque nous voyons quelques-unes de ces vapeurs passer bien loin au delà jusques
dans l'air, où elles composent les nuës, nous ne pouvons
douter qu'il n'y en ait davantage qui montent jusques aux
sommets des montagnes ; à cause qu'il leur est plus aisé de
s'élever en coulant entre les parties de la Terre qui aide à
les soûtenir, qu'en passant par l'air qui estant fluide ne les
peut soûtenir en mesme façon. De plus, il faut considérer
que lorsque ces vapeurs sont parvenuës vers le haut des
montagnes, et qu'elles ne se peuvent élever davantage, à
cause que leur agitation diminuë, leurs petites parties se
joignent plusieurs ensemble ; et que reprenant par ce moyen
la forme de l'eau, elles ne peuvent descendre par les pores
par où elles sont montées, à cause qu'ils sont trop étroits ;
mais qu'elles rencontrent d'autres passages un peu plus
larges, entre les diverses croustes, ou écorces, dont j'ay dit

que la Terre extérieure est composée, par lesquels elles se
vont rendre dans les fentes que j'ay dit aussi se trouver en
cette Terre extérieure; en les emplissant, elles font des
sources, qui demeurent cachées sous Terre jusques à ce
qu'elles rencontrent quelques ouvertures en sa superficie;
et sortant par ces ouvertures elles composent des fontaines,
dont les eaux coulant par le penchant des valées, s'assem-
blent en rivières et descendent enfin jusques à la mer....

« Et bien que la Mer soit salée, toutefois la plupart des
fontaines ne le sont point : Dont la raison est, que les parties
de l'eau de la Mer qui sont douces, estant molles et pliantes,
se changent aisément en vapeurs, et passent par les chemins
détournez qui sont entre les petits grains de sable, et les
autres telles parties de la Terre extérieure, au lieu que
celles qui composent le sel estant dures et roides sont plus
difficilement élevées par la chaleur, et ne peuvent passer
par les pores de la Terre, si ce n'est qu'ils soient plus larges
qu'ils n'ont coûtume d'estre. Et les eaux de ces fontaines en
s'écoulant dans la Mer ne la rendent point douce, à cause
que le sel qu'elles y ont laissé en s'élevant en vapeurs dans
les montagnes, se mêle derechef avec elles[1]. »

---

[1] Descartes : *Principes de la philosophie*, 4e partie, § 64, p. 340, et § 66, p. 343.
Édition de M.DCLXVIII.

CHAPITRE III

TREMBLEMENTS DE TERRE

Si l'on admet le rôle que nous venons d'attribuer aux infiltrations aqueuses, il est naturel de voir dans celles-ci la cause d'autres effets, et particulièrement de beaucoup de tremblements de terre.

Dans les mouvements que subit le sol, on distingue des chocs verticaux, parfois assez forts pour projeter en l'air des objets. Ainsi, dans le tremblement de terre de Calabre de 1783, des maisons furent projetées en l'air, comme par une explosion de mine, et dans celui de Riobamba, en Colombie, de 1812, les cadavres de plusieurs habitants furent lancés sur une colline de plus de 100 mètres de hauteur. Ce sont des mouvements que l'on a qualifiés du nom de *succussions* et par l'épithète de *subsultoires*. Le plus souvent et sur la principale étendue, ce sont des mouvements *ondulatoires*, se propageant horizontalement, à la manière des ondulations que l'on observe à tout instant sur une surface liquide. De même que celles-ci, elles peuvent, lorsqu'elles se prolongent pendant quelques minutes, causer le malaise particulier connu sous le nom de *mal de mer*. Ces ondulations terrestres ont été quelquefois assez fortes pour incliner des arbres, jusqu'à leur faire toucher le sol avec leurs branches.

La durée des chocs est ordinairement très courte, quelquefois une seconde à peine, et rarement un peu plus. Les mouvements ondulatoires se prolongent davantage, ainsi qu'il est facile de le comprendre.

Quelque écrasant et désastreux par rapport à nos personnes et à nos édifices que puissent être les tremblements de terre, il faut bien reconnaître que l'amplitude de leurs mouvements les plus accentués est complètement insignifiante par rapport aux dimensions du globe, dont ils font vibrer l'épiderme.

Rarement un tremblement de terre est limité à une seule secousse. Ordinairement il y en a plusieurs qui se succèdent à de courts intervalles. Dans bien des cas, les mouvements se réitèrent pendant des mois et même des années, avec des pauses d'une durée variable, de manière à former, jusqu'à leur extinction totale, un ensemble que l'on peut appeler période séismique.

Loin de présenter un contour à peu près circulaire, comme on serait tout d'abord porté à le supposer, cette aire d'ébranlement a généralement une forme irrégulière ; souvent elle est très allongée et en rapport avec les alignements des montagnes voisines ou d'autres accidents profonds de structure.

Dans l'étendue ébranlée, les mouvements sont très inégalement sensibles. Entre deux points secoués par une seule et même impulsion, il est des points intermédiaires qui restent immobiles et que l'on a nommés quelquefois *ponts* ou *arches*.

Les secousses sont souvent accompagnées de bruits que l'on a comparés à celui que produiraient des voitures fortement chargées, roulant à allure vive sur un pavé, quelquefois à des tonnerres souterrains et à des mugissements ; mais l'intensité de ces bruits n'est nullement en rapport avec celle de l'agitation. Le grand tremblement de terre de Riobamba du 4 février 1797 se fit en silence.

Ces bruits dépendent de la nature des roches qui les transmettent.

Les bruits associés aux tremblements paraissent de la nature de ceux qui accompagnent les éruptions.

Le bassin des mers est ébranlé tout aussi bien que la terre ferme.

En outre, les mouvements du littoral, pour peu qu'ils soient intenses, se transmettent à la masse liquide. La mer se retire du rivage, laissant le fond à sec sur une étendue qui est parfois de plusieurs kilomètres ; puis elle revient rapidement sur elle-même et, franchissant sa limite normale, elle se précipite avec fureur et comme à l'assaut vers l'intérieur du pays, sous la forme d'une énorme vague que l'on a vue souvent, au Chili, atteindre une hauteur de 30 à 40 mètres.

Les tremblements de terre peuvent ainsi apporter des changements permanents dans le relief du sol. Ce ne sont pas seulement des crevasses et des éboulements de rochers ; on a parfois aussi signalé des exhaussements faibles, mais appréciables, particulièrement au Chili, en 1822, en 1835 et en 1837 ; à cette dernière époque, des coquilles marines encore vivantes et adhérant aux rochers sur lesquels elles avaient vécu, ont apparu au-dessus du niveau de la mer et servi ainsi de témoins irrécusables du changement niveau qui venait de se produire soudainement.

Les mouvements très accentués dont nous venons de parler, et auxquels le nom de *tremblements de terre* doit être réservé, ne sont pas les seuls qui se manifestent dans

l'écorce terrestre. Il s'en produit d'autres qui sont extrêmement faibles, tellement qu'ils resteraient absolument inaperçus sans le secours d'instruments spéciaux et fort
délicats. Dès 1869, le savant et intrépide voyageur, M. d'Ab-
badie, en examinant par un ingénieux procédé la surface
d'un bain de mercure dans l'observatoire qu'il s'est fait
construire à Abbadia, près d'Hendaye, découvrait de très
légères, mais fréquentes variations dans la situation de la verticale ; il en déduisait que le sol lui-même n'est pas toujours
immobile, même lorsqu'il en présente toutes les apparences.
Depuis lors, le fait s'est confirmé pleinement et en bien
des lieux, des oscillations tout à fait brusques dans les
lunettes astronomiques qui ont été signalées plusieurs fois
à l'observatoire de Pulkowa, et récemment, le 27 novem-
bre 1884, à celui de Nice, sont aussi des signes révélateurs
d'agitations dans la croûte terrestre. Il est juste de dire
que, dès 1741, les académiciens français qui allèrent à
l'équateur mesurer un arc de méridien, Bouguer et La Con-
damine, étaient arrivés à une conclusion du même genre,
en mesurant les distances apparentes des étoiles au zénith.
On ne se serait pas attendu à ce que l'observation des astres
vînt trahir un travail qui s'opère dans les profondeurs de
notre planète.

Il importe d'ajouter que la croûte terrestre est soumise à
un autre ordre de mobilité. Elle subit, en effet, des déplace-
ments d'une lenteur séculaire, sans accompagnement d'aucun
mouvement brusque. Ces phénomènes ne seraient sans doute
pas connus, si le niveau moyen de la mer n'offrait, sur le
littoral, une ligne invariable de repère pour les constater.
C'est ainsi que des parties, manifestement immergées depuis
les temps historiques, sont aujourd'hui au-dessus du niveau
des mers et constituent ce que l'on nomme des *plages sou-
levées ;* que, d'un autre côté, des forêts dont l'histoire fait

mention, sont aujourd'hui complètement submergées, par suite d'un abaissement du sol.

D'après tout ce qui précède, on est en droit de dire que la croûte terrestre est loin d'être immobile. A tout instant, et dans beaucoup de ses parties, elle éprouve des secousses très prononcées et parfois violentes. Bien plus généralement encore, ce sont des frémissements qui ne sont perceptibles qu'à l'aide d'appareils spéciaux et par une sorte d'auscultation. En réalité, ce sont des mouvements continuels et de divers ordres. Il nous reste à rechercher à quelles causes souterraines on peut attribuer ces agitations incessantes.

Un fait fondamental ressort de nombreuses et patientes statistiques : c'est l'inégalité frappante que présente la distribution géographique des tremblements de terre. Il y a de vastes régions qui ne sont ébranlées que très rarement et très faiblement, tandis que d'autres éprouvent des agitations extrêmement fréquentes et parfois très violentes. Un simple coup d'œil jeté sur une mappemonde où l'on a représenté, par des notations synoptiques, les résultats du dépouillement des observations, comme l'a fait Robert Mallet, met immédiatement en évidence, et souvent dans des régions voisines, des contrastes très caractéristiques.

Ce qu'il importe de signaler, ce n'est pas tant la disposition géographique des contrées le plus souvent secouées, que la constitution même de l'écorce terrestre qui y correspond.

Pour beaucoup d'entre elles, une coïncidence significative apparaît, sans qu'il soit nécessaire d'une étude approfondie : c'est la présence de volcans actifs.

Mais ce n'est pas seulement à proximité des bouches volcaniques que les tremblements de terre sont fréquents et violents. Certains pays, en dehors des dépendances immédiates des volcans, sont ébranlés avec non moins d'énergie et de fréquence, et même sur de plus grandes étendues. Tel est, non loin de nous, le nord du bassin de la Méditerranée.

Tout d'abord, faisons observer qu'un premier caractère essentiel est commun à toutes ces contrées, dépourvues de volcan et fréquemment ébranlées : ce caractère est une dislocation des couches constitutives du sol, qui est révélée, le plus souvent, par le relief montagneux du pays.

D'un autre côté, l'étude des tremblement de terre, au point de vue géologique, a fait reconnaître que les centres d'impulsion sont en rapport avec certaines grandes lignes de fractures et de dislocations. Ces bandes secouées s'allongent souvent parallèlement aux chaînes. Parmi les exemples de disposition linéaire, on peut citer celui du récent tremblement de terre de l'Andalousie dont le grand axe, d'après M. Fouqué, est parallèle aux crêtes montagneuses du pays, en même temps qu'aux failles nombreuses qui les découpent.

La supposition que les tremblements de terre seraient dus à la réaction de parties solides entre elles rencontre une objection sérieuse, dans les répétitions si étonnantes de secousses pour une même crise. En effet, l'une des circonstances les plus caractéristiques des tremblements de terre, c'est précisément cette réitération de secousses, qui se poursuivent par centaines et par milliers, pendant des semaines et des mois entiers.

En présence de ces périodes d'ébranlements, il semble bien que la cause, au lieu de s'épuiser en quelques chocs immédiats, comme il arriverait dans la supposition où l'action de masses solides en serait la cause première, se régénère après s'être momentanément atténuée. C'est là un fait essentiel et auquel toute solution proposée doit satisfaire.

Remarquons d'abord que l'eau renfermée dans un espace bien clos, qu'elle remplit, lorsqu'elle est portée à une température suffisamment élevée, arrive à posséder une force dont on se fait rarement une idée. Il suffit qu'elle atteigne une température d'environ 500°, bien inférieure à celle des laves, pour que sa vapeur acquière, si elle reste emprisonnée, une force explosive comparable à celle des corps les plus fulminants. Les plus terribles explosions de chaudières ne peuvent en donner une idée. Ainsi, les tubes en fer forgé d'excellente qualité dont je me suis servi pour étudier l'action de l'eau surchauffée dans la formation des silicates, avaient un diamètre de $0^m,021$ et une épaisseur de $0^m,011$. Ils faisaient quelquefois explosion et étaient projetés en l'air avec un bruit comparable à celui d'un coup de canon. Avant d'éclater, les tubes se bombaient sous forme d'une ampoule, et c'est au milieu de cette ampoule que s'ouvrait une déchirure. Si le fer n'avait point de défauts et qu'on estimât qu'il conserve vers 450°, température à laquelle il était porté, la même ténacité qu'à froid, de telles déchirures supposeraient certainement une pression intérieure de plusieurs milliers d'atmosphères. Quelques centimètres cubes d'eau avaient suffi pour produire un tel effet; et, d'après la petitesse des dimensions intérieures du tube, comparée au volume de cette eau, la vapeur devait atteindre les conditions de densité et de tension dont je viens de parler.

Dans la nature, la tension de la vapeur d'eau des réservoirs volcaniques révèle à chaque instant son énergie; car celle qui force la lave à monter au cratère de l'Etna, à plus de 3000 mètres au-dessus de la mer, ne peut être inférieure à 1000 atmosphères.

Or toutes les conditions nécessaires pour arriver à de telles tensions ne peuvent manquer de se réaliser dans l'écorce terrestre à une certaine profondeur, en dehors du domaine des volcans proprement dits, principalement sous les chaînes de montagnes et les régions disloquées.

En effet, d'une part, quelle que soit la constitution du sol, la température s'y élève à mesure qu'on descend plus bas. Ce fait a été reconnu dans toutes les contrées du globe, au moyen des travaux de mines ou de forages. C'est un reste de la chaleur que notre planète a originairement possédée, comme le Soleil, suivant la belle conception de Descartes. Le taux d'accroissement, qui est en moyenne de 1° par 30 mètres, est parfois plus rapide, même en dehors des contrées volcaniques, ainsi qu'on l'a reconnu, par exemple, à Monte Massi, en Toscane.

D'autre part, l'eau tend à descendre sans cesse, par les actions conjointes de la pesanteur et de la capillarité. Les volcans en apportent la preuve irréfutable. En ce qui concerne l'intervention de la capillarité pour l'alimentation en eau des masses profondes, des expériences ont montré que, à travers les pores de certaines roches, sa simple action force l'eau à pénétrer, malgré les contre-pressions intérieures très fortes, des régions superficielles et froides du globe jusqu'aux régions profondes et chaudes, où, à raison de la température, elle devient capable de produire de plus grands effets mécaniques et chimiques.

En somme, il est difficile de douter que des eaux de la surface ne parviennent jusqu'aux régions internes et qu'ensuite elles ne nous fassent ressentir sur quelques points, par des ébranlements et par des mugissements, la puissance et la force explosive qu'elles y acquièrent.

La profondeur à laquelle doit se trouver le foyer d'origine des tremblements de terre a été l'objet d'études attentives. D'après les résultats obtenus, il faut reconnaître que ce siège n'est pas situé dans les parties centrales du globe. C'est d'ailleurs à cette induction que l'on est tout d'abord conduit, quand il s'agit de tremblements violents, comme ceux de Calabre, qui n'occupent à la surface que des places très restreintes. Dans le domaine des volcans, à Naples, à Ischia, cette profondeur a été estimée de 9^{km} à 15^{km}. Dans les pays non volcaniques, tels que l'Allemagne, elle a été évaluée dans divers cas à 18^{km}, 27^{km} et 38^{km}. Cette profondeur. qui est faible, comparée à la grandeur du rayon terrestre, suffit cependant pour que, en vertu de la loi d'accroissement normal, environ $3°$ par 100 mètres, la température du rouge y règne déjà.

Sous les régions disloquées et principalement sous les chaînes de montagnes d'un âge relativement récent, le tassement définitif des parties profondes peut n'être pas encore établi ; il doit rester des interstices et des cavités intérieures à haute température, qui à la longue se sont remplies d'eau par l'action de la capillarité. Ainsi, dans la profondeur des régions disloquées, nous trouvons les trois conditions que nous venons de mentionner : des cavités, de l'eau et une haute température, et, par suite, un agent capable, à un moment donné, de produire des effets dynamiques des plus considérables.

Supposons un baril de poudre faisant explosion dans une cavité située à une centaine de mètres sous terre. A la surface, en même temps qu'on entendra une sourde explosion, on ressentira dans une place limitée une secousse verticale, et autour, sur une plus grande étendue, une secousse ondulatoire. Chacun comparera ces phénomènes à un tremblement de terre. Toutefois, et voilà pourquoi nous citons cet exemple, il lui manquera le caractère essentiel sur lequel nous avons particulièrement insisté : la répétition. Ici, en effet, tout est fini dans une seule secousse. Or, dans la plupart des tremblements de terre, les secousses se succèdent, absolument comme si la cause se régénérait.

Comment ces énormes tensions peuvent-elles aboutir à des chocs réitérés? On peut le concevoir de plusieurs manières, suivant l'hypothèse où nous nous sommes placés. Ainsi, dans l'une des cavités dont nous venons de parler, l'eau étant arrivée, avec le temps, à une température explosive, elle déplace brusquement quelques parois de sa prison. De là, une première secousse, suivie d'une expansion dans des crevasses ou des cavités voisines, qui possèdent moins de température et de tension. Puis cette diminution de pression dans le foyer primitif ayant eu lieu, les parois qui avaient cédé reviennent sur elles-mêmes et reprennent leur première position, pour céder encore lorsque le réservoir primitif aura réparé la tension perdue. En d'autres termes, les communications entre les cavités se rebouchent et doivent être débouchées plus tard par un nouvel effort. Cet écoulement de cavités en cavités qui, au lieu d'être continu, se fait par ruptures et soubresauts, pourra se reproduire un certain nombre de fois et se continuer ainsi jusqu'à épuisement du réservoir naturel. Toutefois le mécanisme n'est pas détruit. Après avoir ainsi fonctionné, et donné lieu à une période séismique, il pourra se recharger à la longue, par le phénomène d'alimentation qui vient d'être expliqué. C'est quelque chose d'analogue qui se passe dans les éruptions volcaniques, que sépare le laps de temps nécessaire pour qu'une alimentation lente recharge leur appareil. En outre, sous l'effet des pressions dont nous avons parlé et qui ne seraient que la continuation de celles qui ont formé des chaînes de montagnes, des réservoirs d'eau peuvent être brusquement déplacés et amenés ainsi en contact avec des masses à haute température.

Si l'on admet au-dessous de l'écorce terrestre l'existence d'une mer de matières fondues, on aurait des phénomènes analogues, quand les roches hydratées viendraient, par suite de ruptures de plafond, à tomber dans ces masses ignées.

La constitution géologique reconnue comme spécialement en rapport avec les tremblements de terre aurait donc pour effet de favoriser l'alimentation en eau des régions profondes et chaudes, et en même temps de faciliter, par l'indépendance des voussoirs que les failles ont découpés, le mouvement que tend à leur imprimer l'expansion des vapeurs. Dans les pays voisins d'une bouche volcanique, les vapeurs produites parviennent à trouver leur issue. Dans les régions éloignées des volcans, elles sont plus gênées pour s'échapper, et cela explique l'étendue plus considérable sur laquelle les commotions se propagent, leur plus grande violence et les efforts souvent réitérés que la nature doit faire avant d'arriver au rétablissement du repos.

En résumé, les tremblements de terre des régions dépourvues de volcans paraissent dus aux effets d'une sorte d'éruption volcanique qui ne peut aboutir jusqu'à la surface et semblent dépendre, aussi bien que ceux des régions volcaniques, d'une cause unique : la vapeur d'eau, animée de la puissance énorme qu'elle acquiert dans les profondeurs de la croûte terrestre.

De là, cette autre conclusion, que le moteur de tous ces ébranlements formidables est toujours sous les pieds des habitants de bien des régions. Contre le danger permanent qui les menace, les hommes ont du moins l'heureux remède de l'oubli.

ERRATA

TOME PREMIER

Page 37, ligne 14 : au lieu de Credner [1], lire Credner [2], et ajouter au bas de la
page le titre du mémoire de ce savant.

Page 38 : reporter au bas de la page la note 2 de la page 37.

Page 44, ligne 25 : au lieu de Bagghot, lire Bagshot.

Page 96, ligne 1 : au lieu de lac du Bourget, lire lac du Bouchet.

Page 107 : la légende de la figure doit être rétablie ainsi :
L, déjections volcaniques en couches inclinées; Tr, trass; N, N, niveau de la
nappe aquifère; S, source.

Page 176, ligne 12 : au lieu de sources naturelles, lire sources jaillissantes naturelles.

Page 255, ligne 13 : au lieu de 854, lire 856 mètres.

Page 282, ligne 13 : au lieu de Sail-sous-Çouzan, lire Sail-sous-Couzan.

Page 285, ligne 14 : au lieu de Saaxe, lire Saxe.

TOME II

Page 1, ligne 8 : au lieu de sulfures, lire sulfates.

Page 120, ligne 6 : au lieu de soude, lire sodium.

Page 192, note 1 : au lieu de Bochet d'Héricourt, lire Rochet d'Héricourt.

TABLE ALPHABÉTIQUE

DES MATIÈRES

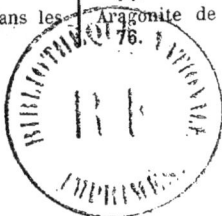

sources naturelles et des puits artésiens (plan et coupes) : historique, leur profondeur et leur régime, 177-181 : situation des puits artésiens dans la province de Constantine, 181-183 ; leur influence sur les cultures et sur les populations, 183 à 184; oasis de Thèbes, 185 à 186.

Ondulations de la surface de l'eau phréatique dans la craie (coupe), 189 à 190.

Oolithe (voir terrain jurassique).

Opale de formation contemporaine, 74.

Ophite en rapport avec la source thermale de Dax, 128.

Or : sa présence dans les sources, **33**.

Origine de la Fontaine de Vaucluse, 319 à 333.

Ösar : très aquifères en Suède (figure), 75.

Oxygène, **3**; son origine dans les sources, **87**.

Paraclases causant des sources, 110; à Loudun (coupe), 110 et 111 ; à Gorze (plan et coupe), 111 à 117; à Sassenage (plan et coupe), 117 à 119; leur relation avec les sources thermales et ordinaires des Alpes au sud-ouest de Vienne (plan et coupe), 259 et 260.

Parmesan (fromage) : rôle des fontanili dans sa fabrication, 50.

Pélocone : nom proposé pour les volcans de boue, 389.

Perméabilité ; degrés divers des sables, 14; dans la craie, 15 ; en grand, 16 à 17; étudiée expérimentalement; études de Darcy, de M. Hagen et de M. Seelheim, 61; des calcaires de Beauce, 81, des calcaires et meulières de Brie, 81 ; des sables de Fontainebleau, 81 ; des sables tertiaires aux environs de Londres, 85; des roches massives désagrégées, 91 et 92; exemples dans le Morvan, 92; en Irlande, 92; des phyllades, 93; des éboulis ; exemple le Creux-du-Vent (figure), 93 ; de à des glissements (coupe), 94; des ponces de Santorin, 105; de la pouzzolane de Rome, 105-106.

Permien : eaux phréatiques dans diverses parties de l'Angleterre, 67; à Rothenfels, 256.

Pertes de rivières dans le Doubs et le Jura, 305 à 307; dans la Charente, 311 à 314.

— de ruisseaux dans le terrain crétacé de la Westphalie, 224 à 227; dans le terrain jurassique de l'Yonne, 233; dans la Lorraine allemande, 238 à 242.

Pertes d'eau (voir cours d'eau souterrain).

Perturbations apportées par les tremblements de terre dans le régime des sources, 150 à 154.

Philippsite de formation contemporaine, 76.

Phosgénite : de formation, 76.

Phosphate de chaux déposé par des sources, 23 ; origine ; origine possible dans les eaux souterraines, 110.

Phosphore, sa présence dans les sources, 10.

Phréatiques (voir eaux).

Plantes apportées au jour par les puits artésiens, 159.

Pliocène sources, 76 et 77 (voir terrain pliocène).

Pointements cunéiformes en rapport avec la perméabilité des roches (voir cassures).

Ploiements et redressements de couches ; lignes anticlinales en rapport avec la thermalité des sources, 164 à 172; dans la province de Constantine, 164 à 166; dans le département du Gers, 166 et 167 ; à Yverdon (figure) 167 et 168; à Baden en Argovie (figure) 168 et 169; à Schinznach, 169 et 170; à Soultz-les-Bains, 170 ; à Aix-la-Chapelle et Borcette, 170; à Ems, 170; dans les Apalaches (figures), 170 et 171; dans le Daghestan (figures), 171 et 172; dans le Caucase (figure), 172.

Plomb : sa présence dans les eaux souterraines, 31 et 32; son origine dans les eaux souterraines, 134.

Plombiérite (voir silicate de chaux hydraté).

Pluie : ses variations dans le bassin d'alimentation de la Fontaine de Vaucluse, 329 ; relations avec le volume de cette source, 327 à 332; avec le volume des sources de la Vanne et de Somme-Soude, 145.

Poljé : nom populaire des gouffres dans la Turquie slave, 362.

Ponor : nom populaire des gouffres chez les Slaves, 290.

Populations : distribuées d'après les sources du terrain oolithique de la Lorraine, 91, 241 et 242; leur éparpillement déterminé par celui des sources, 93; en Angleterre, 247.

Potassium : sa présence dans les eaux, 16; son origine dans les eaux souterraines, 119 et 120.

Puisards, 290.

Puits (nappe d'eau des), 19; nombre des

TABLE ALPHABÉTIQUE

DES LOCALITÉS CITÉES

TABLE ALPHABÉTIQUE

DES AUTEURS CITÉS

TABLE DES MATIÈRES

DU DEUXIÈME VOLUME

LIVRE TROISIEME

COMPOSITION DES EAUX SOUTERRAINES

PREMIÈRE PARTIE

NATURE DES SUBSTANCES DISSOUTES DANS LES EAUX SOUTERRAINES OU DÉPOSÉES CHIMIQUEMENT PAR ELLES

DEUXIÈME PARTIE

CLASSIFICATION DES EAUX SOUTERRAINES

TROISIÈME PARTIE

RÉACTION DES EAUX SOUTERRAINES SUR LES MATÉRIAUX QU'ELLES BAIGNENT

QUATRIÈME PARTIE

ORIGINE DES SUBSTANCES DISSOUTES DANS LES EAUX OU DÉPOSÉES CHIMIQUEMENT PAR ELLES

LIVRE QUATRIÈME

OBSERVATIONS GÉNÉRALES ET RÉSUMÉ

PREMIÈRE PARTIE

OBSERVATIONS RELATIVES AU RÉGIME

DEUXIÈME PARTIE

ORIGINE DE LA TEMPÉRATURE DES EAUX SOUTERRAINES

TROISIÈME PARTIE

GEYSERS, VOLCANS, TREMBLEMENTS DE TERRE

8167. — PARIS, IMPRIMERIE A. LAHURE

9, rue de Fleurus, 9.

8167. — Imprimerie A. Lahure, rue de Fleurus, 9, à Paris.

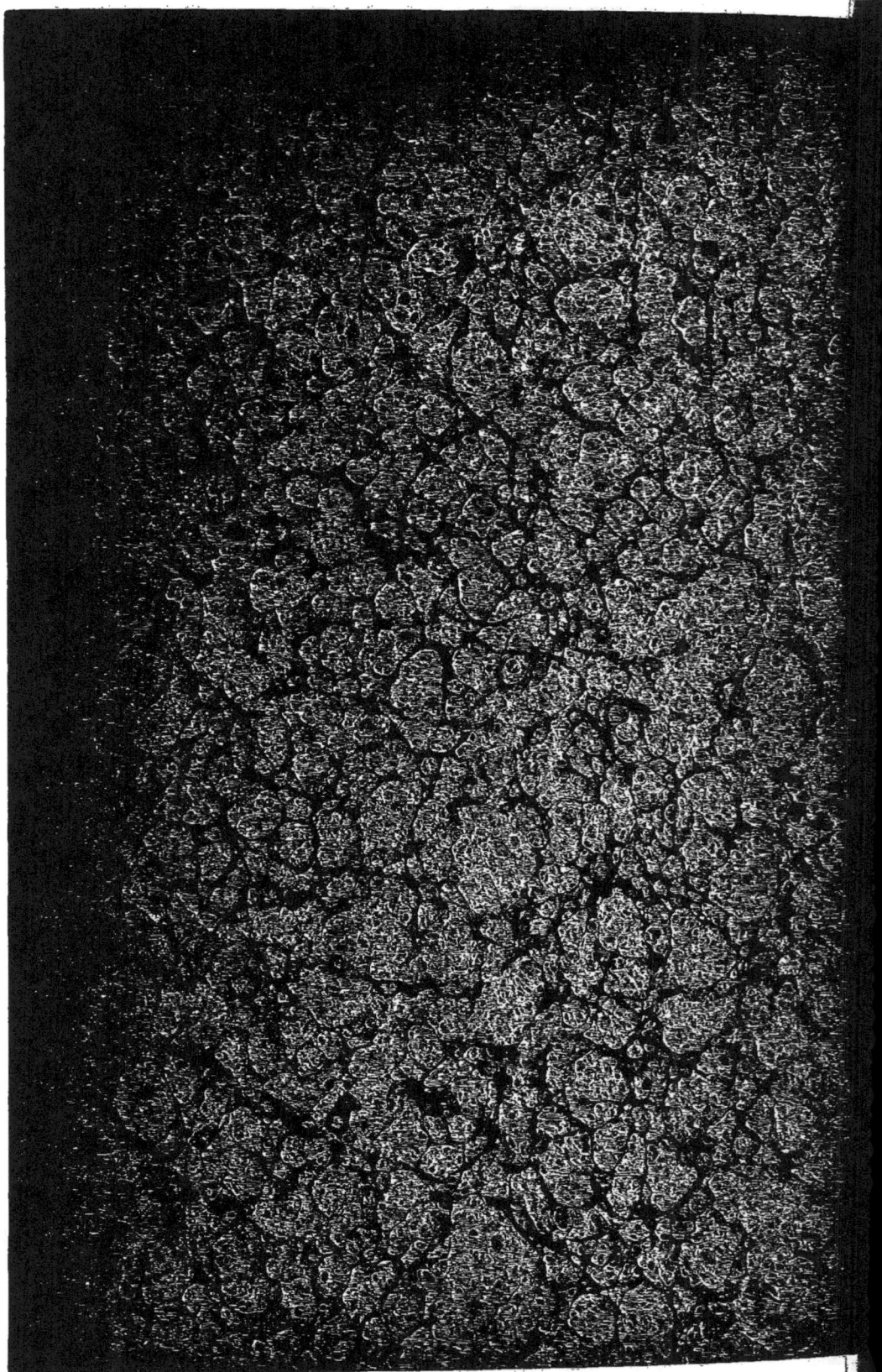

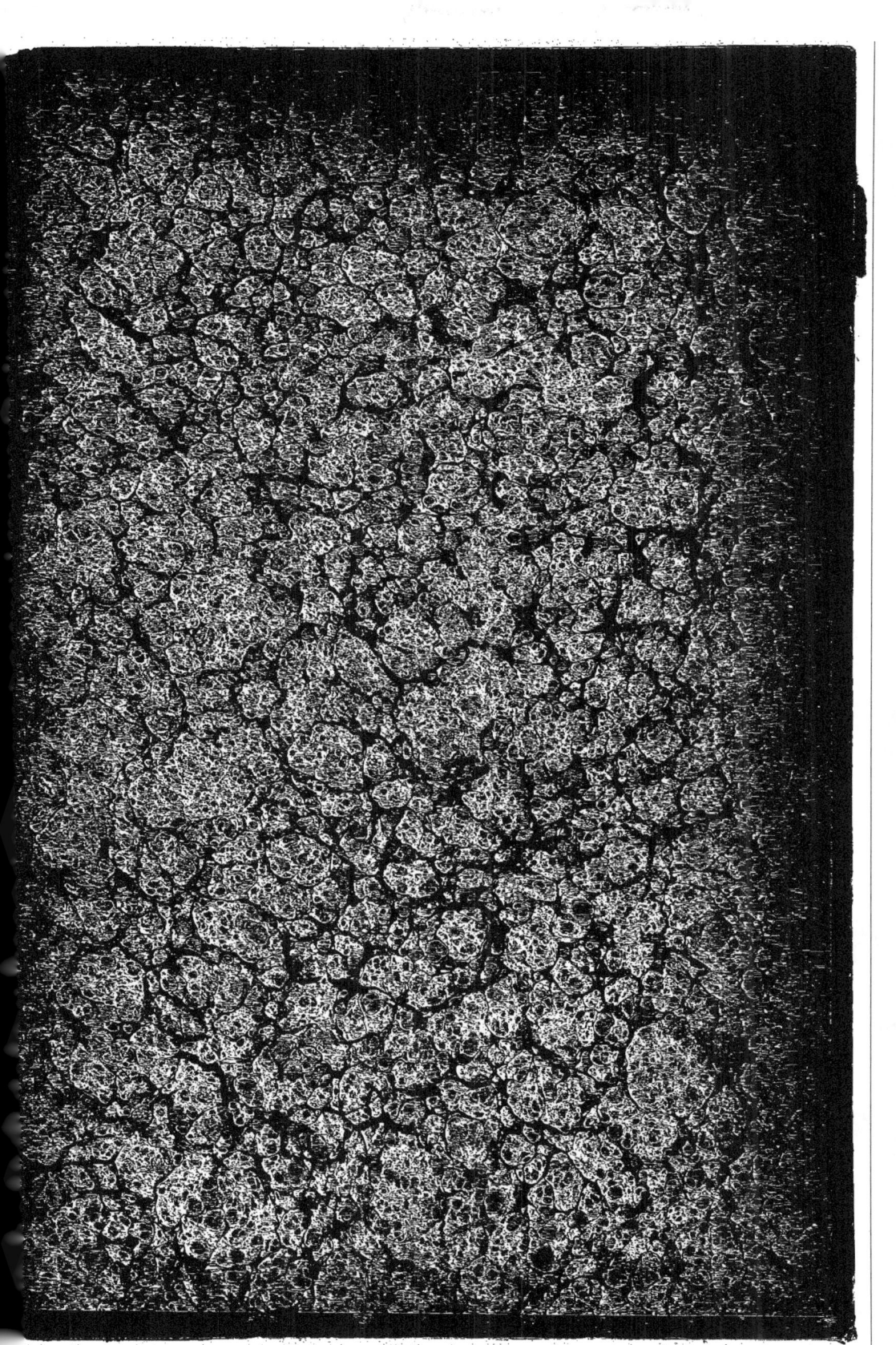

www.ingramcontent.com/pod-product-compliance
Lightning Source LLC
Chambersburg PA
CBHW060410200326
41518CB00009B/1313